宁波市主要气象灾害
风险评估与区划

陈有利　钱燕珍　胡　波　俞科爱　王　毅
杨　栋　顾小丽　岳　元　陈从夷　　编著

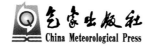
气象出版社
China Meteorological Press

内容简介

本书综合分析了宁波市主要气象灾害的致灾因子、孕灾环境、承灾体、抗灾能力及灾情,构建了气象灾害风险评估模型,在此基础上完成了主要气象灾害——台风、暴雨、高温、低温、大风(龙卷风)、雾霾、雷电、冰雹、干旱、地质灾害的风险区划。

图书在版编目(CIP)数据

宁波市主要气象灾害风险评估与区划 / 陈有利等编著. -- 北京:气象出版社,2017.12
ISBN 978-7-5029-6692-8

Ⅰ.①宁… Ⅱ.①陈… Ⅲ.①气象灾害-风险评价-研究-宁波 ②气象灾害-气候区划-研究-宁波 Ⅳ.①P429

中国版本图书馆 CIP 数据核字(2017)第 292768 号

Ningboshi Zhuyao Qixiang Zaihai Fengxian Pinggu Yu Quhua
宁波市主要气象灾害风险评估与区划
陈有利 钱燕珍 胡 波 俞科爱 等 编著

出版发行:气象出版社
地　　址:北京市海淀区中关村南大街 46 号　　　　邮政编码:100081
电　　话:010-68407112(总编室)　010-68408042(发行部)
网　　址:http://www.qxcbs.com　　　　　　　　E-mail: qxcbs@cma.gov.cn
责任编辑:杨泽彬　　　　　　　　　　　　　　　　终　　审:吴晓鹏
责任校对:王丽梅　　　　　　　　　　　　　　　　责任技编:赵相宁
封面设计:博雅思企划
印　　刷:北京中科印刷有限责任公司
开　　本:710 mm×1000 mm　1/16　　　　　　　印　　张:10
字　　数:210 千字
版　　次:2017 年 12 月第 1 版　　　　　　　　　印　　次:2017 年 12 月第 1 次印刷
定　　价:98.00 元

序一

　　气象灾害是自然灾害中最为频繁而又严重的灾害,不但危及人民生命和财产的安全,而且给国民经济也带来了巨大的损失。台风、暴雨(雪)、寒潮、大风(龙卷风)、低温、高温、干旱、雷电、冰雹、霜冻、大雾和霾等气象灾害以及因气象因素引发的水旱灾害、地质灾害、海洋灾害、森林火灾等衍生、次生灾害,几乎每年都会对浙江造成严重影响。据不完全统计,浙江自然灾害中气象灾害占 90%,灾害严重时年损失达到 300 亿~500 亿元,占全省 GDP 的 2%~3%。

　　宁波因其独特的地理环境,特别易遭受台风、暴雨、雷电、大风等灾害的侵袭,是浙江省气象灾害重点区域之一。同时,宁波是华东地区的工商业城市,是浙江省经济中心之一,经济发达,一旦成灾其损失往往愈加显著。

　　"防灾就是维稳,减灾就是增效",防灾减灾就是趋利避害。防御气象灾害是气象部门建设平安浙江、美丽浙江、积极应对气候变化、努力构建和谐社会义不容辞的社会责任。气象灾害风险评估与区划是气象灾害防御工作的重要组成部分,也是气象灾害防御工作的基础,对政府部门制定气象灾害防御规划、建立气象灾害应急响应机制、完善气象灾害救助制度等方面起到指导作用。

　　宁波作为全国率先基本实现气象现代化的试点城市之一,已初步建立"政府主导、部门联动、社会参与"的气象防灾减灾工作体系,全社会的气象灾害防御能力正稳步提升。相信本书的出版发行,必将对提升宁波市气象灾害防御能力起到积极的推动作用,希望宁波市气象部门以此为契机,进一步提升气象现代化水平,不断加强气象灾害防御工作,为全社会提供更优质的气象服务,保障宁波经济社会平稳健康发展。

浙江省气象局局长　苗长明

2017 年 10 月

序二

  宁波作为国家生态文明先行示范区、国家保险创新综合试验区、浙江省"一带一路"建设综合试验区，正在建设"国际港口名城，东方文明之都"，处在发展的关键期，宁波又地处东海之滨，灾情种类多、灾害风险大。宁波有除了沙尘暴以外的 13 种气象灾害，在全球气候变暖的大背景下，极端灾害性天气发生更加频繁，气象灾害造成的影响和损失加重，严重威胁人民生命财产安全和经济社会发展。

  已经颁布实施的《浙江省气象灾害防御条例》《宁波市气象灾害防御条例》，都明确了要开展气象灾害风险评估与区划。气象灾害防御工作是政府部门的一项重要工作，气象灾害风险评估与区划是气象灾害防御工作的重要基础，对政府部门制定防灾减灾规划、提升气象灾害应急管理能力、科学防御气象灾害、最大限度地减轻灾害损失具有十分重要的意义，在维护社会和谐稳定、营造经济社会发展的平稳环境、保护民众的生命和财产安全等方面具有基础性、前瞻性的作用。

  本书通过研究宁波主要气象灾害的特征，综合分析了宁波市主要气象灾害的致灾因子、孕灾环境、承灾体、抗灾能力及灾情，构建了气象灾害风险评估模型，并在此基础上完成了主要气象灾害的风险区划，为防御气象灾害提供了科学依据。本书的编写出版，将进一步提升气象防灾减灾的科技水平，为减少气象灾害造成的损失，完善气象防灾减灾体系建设提供科技支撑。

宁波市气象局局长 杨忠恩

2017 年 10 月

前　言

　　宁波地处我国东部沿海,气象灾害及其次生灾害发生频繁,给国民经济和人民生命财产带来重大影响。特别是进入 21 世纪以来,气象灾害更加频繁,并且随着经济社会的快速发展,气象灾害造成的影响和损失也愈来愈大。在当前科技水平下,人类还无法完全消除和控制气象灾害的发生,因此,做好气象灾害风险评估与区划是一项十分迫切的基础性工作,为进一步做好防灾减灾规划、保障经济社会持续稳定发展提供科学的决策依据。依托中国气象局山洪地质灾害防治气象保障工程项目,在大量调查和资料查阅基础上,历时两年有余,《宁波市主要气象灾害风险评估与区划》编著完成。

　　本书综合分析了宁波市主要气象灾害的致灾因子、孕灾环境、承灾体、抗灾能力及灾情,构建了气象灾害风险评估模型,在此基础上完成了主要气象灾害的风险区划。全书共分 8 章,第 1 章介绍了宁波市地理、气候、经济社会等基本情况以及气象灾害防御现状;第 2 章和第 3 章重点分析了影响宁波最为严重的两大气象灾害——热带气旋(台风)和暴雨灾害的基本特征;第 4 章阐述了气象与社会数据及其空间化方法;第 5 章为热带气旋(台风)和暴雨风险评估;第 6 章介绍了气象灾害风险区划方法;第 7 章和第 8 章分别对影响宁波的重大气象灾害[包括台风、暴雨、高温、低温、大风(龙卷)、雾霾、雷电、冰雹、干旱、地质灾害]给出风险区划结果。

　　本书由陈有利、钱燕珍、胡波、俞科爱、王毅、杨栋、顾小丽、岳元、陈从夷编著,各章节的主要完成者为:第 1 章俞科爱、王毅、陈从夷;第 2、3 章陈有利、钱燕珍;第 4 章钱燕珍、胡波、顾小丽、岳元;第 5 章陈有利、俞科爱、顾小丽;第 6 章胡波、王毅、杨栋、岳元;第 7、8 章陈有利、胡波、杨栋;

最后由陈有利修改统稿。

气象灾害风险评估与区划工作得到了浙江大学翟国庆教授,南京信息工程大学申双和教授、陶苏林博士以及北京师范大学的学者等专家悉心指导,并在关键技术上给予大力帮助,也得到了宁波市防汛办、宁波市水利局、宁波市国土资源局、宁波市统计局、宁波市民政局、宁波各区县(市)气象局等相关部门以及宁波市气象台全体同仁的大力协助和支持,浙江省气象局局长苗长明、宁波市气象局局长杨忠恩同志为之作序,在此一并表示衷心感谢。

由于作者水平有限,全书引用了大量经济社会数据,跨多个研究领域,不妥或谬误之处一定颇多,恳请批评指正。

作者

2017 年 9 月

目　　录

第1章

宁波市自然社会概况与
气象灾害防御现状

1.1 地理特征

宁波地处东南沿海,位于中国大陆海岸线中段,长江三角洲南翼,东经120°55′至122°16′,北纬28°51′至30°33′,东有舟山群岛为天然屏障,北濒杭州湾,西接绍兴市的嵊州、新昌、上虞,南临三门湾,并与台州的三门、天台相连。

全市陆域总面积9816 km²,其中市区面积为3730.1 km²。全市海域总面积为8355.8 km²,海岸线总长为1594.4 km,约占全省海岸线的24%。全市共有大小岛屿614个,面积255.9 km²。宁波境内有杭州湾、象山港、三门湾,这些湾港,因有钱塘江、甬江及众多溪河注入,夹带着大量泥沙和营养物质,为滩涂和近海生物繁殖提供了丰富的养料。宁波是浙江省八大水系所在地之一,河流有余姚江、奉化江、甬江,余姚江发源于上虞区梁湖;奉化江发源于奉化市斑竹。余姚江、奉化江在市区三江口汇合成甬江,流向东北经招宝山入海,整个甬江流域,雨量充沛,水资源丰富。宁波是有7000年历史的"河姆渡文化"的发祥地,唐宋以来,一直是重要的对外贸易口岸。宁波是历史文化名城,同时也是著名的旅游城市。宁波有天童寺、阿育王寺和雪窦寺等著名寺庙,中国古代建筑的杰作保国寺、古代水利建筑它山堰、宁海的南溪温泉、余姚的四明湖旅游度假区、象山的石浦渔港,为众多中外旅游者所向往。

2016年,宁波部分行政区划调整,现宁波辖海曙、江北、镇海、北仑、鄞州、奉化6个区,宁海、象山2个县,慈溪、余姚2个县级市,共有75个镇、10个乡、69个街道办事处、704个居民委员会和2519个村民委员会,详见表1.1。

表1.1 行政区划和陆域面积

地区	镇(个)	乡(个)	街道办事处(个)	居民委员会(个)	村民委员会(个)	陆域面积(km²)
全市	75	10	69	704	2519	9816
海曙区	7	1	9	103	168	595
江北区	1		7	69	80	208
镇海区	2		5	41	58	246
北仑区			11	57	201	599
鄞州区	10		14	170	245	814
奉化区	6		5	40	353	1268
余姚市	14	1	6	56	265	1501

续表

地区	镇(个)	乡(个)	街道办事处(个)	居民委员会(个)	村民委员会(个)	陆域面积(km²)
慈溪市	14		5	81	296	1361
宁海县	11	3	4	40	363	1843
象山县	10	5	3	47	490	1382

宁波境内地势西南高,东北低;自西南向东北方向倾斜入海,西南浙东低山丘陵区,有西南—东北走向的四明山脉,发源于天台,分布于余姚、奉化、鄞州;天台山支脉由宁海西南入境,经象山港展延成南部诸山;东北部和中部为宁绍冲积平原的甬江流域平原,地势平坦,河流纵横。市区海拔 4~5.8 m,郊区海拔为 3.6~4 m。地貌分为山地、丘陵、台地、谷(盆)地和平原。全市山地面积占陆域的 24.9%,丘陵占 25.2%,台地占 1.5%,谷(盆)地占 8.1%,平原占 40.3%。

1.2 气候特征

宁波地处宁绍平原,纬度适中,属亚热带季风气候,温和湿润,四季分明,冬夏季风交替明显,但由于所处纬度常受冷暖气团交汇影响,加之倚山靠海,特定的地理位置和自然环境造成天气多变,差异明显,灾害性天气相对频繁,同时也形成了多样的立体气候类型,给经济发展提供了多样性的自然条件。

宁波冬夏季各长达 4 个月,春秋季各仅约 2 个月。若以平均气温>22℃为夏季、<10℃为冬季、10~22℃为春秋两季标准划分,据最新气候资料统计,平均为 3 月 12 日入春,5 月 28 日入夏,10 月 3 日入秋,12 月 1 日入冬。

宁波常年年降水量为 1480 mm(图 1.1),山地丘陵一般要比平原多三成,主要雨季有 3—6 月的春雨连梅雨和 8—9 月的台风雨和秋雨,主汛期 5—9 月的降水量占全年的 60%。常年平均气温 16.4℃(图 1.2),月平均气温以 7 月份最高,为 28℃,1 月份最低,为 4.7℃。全市无霜期一般为 230~240 d,年日照时数 1850 h。

宁波位于东海之滨,既受西风带天气系统影响,又受副热带东风系统影响,气候复杂多变,气象灾害发生频率高,危害严重。宁波主要灾害性天气有低温雨雪冰冻、高温干旱、台风、暴雨洪涝、冰雹、雷暴、大风、雾霾、地质灾害等。

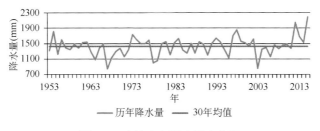

图 1.1 宁波市年降水量变化图

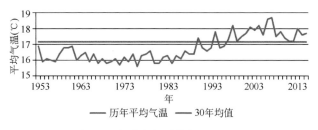

图1.2　宁波市年平均气温变化图

1.3　经济社会概况

　　截至2016年年底,全市拥有户籍人口591.0万人,其中市区284.2万人。依据所在区域的城乡划分标准划分,城镇人口311.6万人,占52.7%,乡村人口279.4万人,占47.3%。按性别分,男性293.4万人,占49.6%,女性297.6万人,占50.4%。年末全市常住人口为787.5万人,城镇人口占总人口的比重(即城镇化率)为71.9%(表1.2)。

表1.2　2016年末各区县(市)常住、户籍人口数及人口密度

地区	常住人口(万人)	常住人口密度(人/km²)	户籍人口(万人)	户籍人口密度(人/km²)
全市	787.5	802	591	602
海曙区	90.5	1520	62.4	1049
江北区	37	1777	24.7	1189
镇海区	44.1	1793	24.1	981
北仑区	63.9	1067	40.4	674
鄞州区	125.7	1544	84.2	1034
奉化区	51	402	48.4	382
余姚市	104.6	697	83.8	558
慈溪市	150.1	1103	104.9	771
宁海县	68.1	369	63	342
象山县	52.5	380	55	398

　　宁波是长江三角洲南翼经济中心和化工基地,是中国华东地区的工商业城市,也是浙江省经济中心之一。宁波开埠以来,工商业一直是宁波的一大名片,特别是改革开放以来,宁波经济持续快速发展,显示出巨大的活力和潜力,成为国内经济最活跃的区域之一。2016年全市实现地区生产总值(GDP)8541.1亿元,按可比价格计算,比上年增长7.1%(表1.3)。

表1.3　2011年以来宁波地区生产总值及增速(亿元、%)

年份	2011		2012		2013		2014		2015		2016	
地区生产总值	总额	增速	总额	增速	总额	增速	总额	增速	总额	增速	总额	增速
	6059.2	10	6582.2	7.8	7128.9	8.1	7602.5	7.6	8003.6	8.0	8541.1	7.1

2016 年全市一般公共预算收入 1114.5 亿元,比上年增长 10.5％。一般公共预算支出 1289.3 亿元,增长 2.8％。城乡社区、文化体育与传媒、科学技术、公共安全、一般公共服务支出分别增长 46.2％、20.2％、19.7％、11.0％ 和 9.8％。表 1.4 中列举了宁波一天的相关经济数据。

表 1.4　宁波一天的相关经济数据

项目	数值
生产总值(GDP)	233364 万元
工业增加值	102913 万元
服务业增加值	109205 万元
固定资产投资	135557 万元
财政总收入	58628 万元
其中:一般公共预算收入	30451 万元
社会消费品零售总额	100209 万元
外贸自营出口额	119109 万元
外贸自营进口额	51986 万元
宁波舟山港港口货物吞吐量	252 万 t
宁波舟山港集装箱吞吐量	6 万标箱
旅客运输量	29 万人
全社会用电量	17665 万 kW·h
其中:工业用电量	13026 万 kW·h
城镇新增就业岗位	518 个
授权专利	112 件

2016 年全市第一产业增加值 304.6 亿元,增长 2.1％;第二产业增加值 4239.6 亿元,增长 6.5％,其中工业增加值 3766.6 亿元,增长 7.0％;第三产业增加值 3996.9 亿元,增长 8.1％。三个产业之比为 3.6∶49.6∶46.8(图 1.3)。

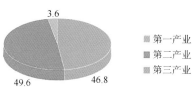

图 1.3　宁波市产业结构图

2016 年全市完成固定资产投资 4961.4 亿元,比上年增长 10.1％。其中第一产业投资 45.1 亿元,下降 5.7％;第二产业投资 1470.5 亿元,下降 2.1％;第三产业投资 3445.8 亿元,增长 16.5％,其中房地产开发投资 1270.3 亿元,增长 3.4％。截至 2016 年底全市实有内资企业 291052 户,注册资本 26295.26 亿元。其中,私营企业 272662 户,注册资本 21330.16 亿元;个体工商户 472030 户,资金额 345.29 亿元。

2016 年宁波市居民人均可支配收入 44641 元,比上年增长 7.9％。按城乡划分,城镇居民人均可支配收入 51560 元,增长 7.7％;农村居民人均可支配收入 28572

元,增长 7.9%。城乡居民人均收入倍差为 1.80,比上年缩小 0.01。全年居民人均生活消费支出 27891 元,增长 7.0%。按城乡分,城镇居民人均生活消费支出 31584元,增长 6.5%;农村居民人均生活消费支出 19313 元,增长 8.5%。

宁波一直是我国对外经贸交流的重要港口城市之一,地处"长江经济带"与我国沿海"T"字形的交汇处,是"一带一路"的重要枢纽,也是我国四大国际深水枢纽港和远洋国际干线港之一。同时,宁波也是我国首批 14 个沿海开放城市之一,是全国第 8 个进出口总额超千亿美元的城市,根据宁波的优势,将宁波定位为现代化国际港口城市。

图 1.4 宁波—舟山港码头

"书藏古今、港通天下",古海上丝绸之路始发港之一的宁波,如今整装待发,扬帆"一带一路"。对接国家战略,作为现代化国际港口城市,宁波将通过打造港口经济圈、推进跨境电子商务实验区建设、加快海铁联运建设、建设境外产业园、加强对外人文交流等举措,深度融入国家"一带一路"建设,将宁波建设成为"一带一路"枢纽城市。

乘着"一带一路"的建设东风,宁波—舟山港已成为"21 世纪海上丝绸之路"国际枢纽大港,该港目前"一带一路"航线达 82 条,全年航班升至 4412 班,全年集装箱量达到908 万标准箱。此外,宁波—舟山港的北仑、镇海两个港区相继开通直通铁路,成为对接丝绸之路经济带的重要枢纽,目前全港海铁联运班列已开通 11 条,业务范围涵盖陕西、甘肃、新疆、西藏等 12 个省份 20 余个城市,进而延伸至中亚、北亚及东欧国家。

依托港口优势,宁波加快高端航运物流业发展。2017 年 5 月,宁波在北京正式发布"海上丝路贸易指数",这是继海上丝路指数登陆波罗的海交易所后,宁波为推进"一带一路"建设提供的又一观察窗口,为"21 世纪海上丝绸之路"沿线国家提供信息参考。

作为开放型经济大市,宁波已与 223 个国家和地区建立了投资贸易关系,越来越多的民营企业正沿着"一带一路"走出去,开展跨境投资合作。同时,宁波已连续三年举办中国—中东欧国家投资贸易博览会,与中东欧国家的经贸文化交流不断升温。

1.4 气象灾害防御现状

宁波市地处东部沿海地带,自然灾害发生频繁。面对突如其来的自然灾害,政府必须迅速做出响应,其灾害应急管理水平的高低直接影响抗灾的进程和结果。宁波市政府作为辖区内自然灾害应急管理的主体,在自然灾害应急管理方面做出了诸多有益的尝试,一定程度上加强了自身的灾害应急管理能力,为其他地方政府在应对类似突发性自然灾害应急管理方面提供了一定的借鉴意义。但作为一个动态综合考量体系,自然灾害应急管理能力体现在应急管理过程的预防、预警、应急处置和事后恢复的各个环节当中,涵盖构建多元的防灾减灾体系,提升日常减灾能力等诸多方面,其中也包括做好气象灾害风险的综合评估与区划工作。提升宁波气象灾害应急管理能力,最大限度地减轻灾害损失,在维护社会和谐稳定,营造社会经济发展的平稳环境,保护民众的生命和财产安全等方面,具有十分重要的意义。

宁波在实施"六大联动""平安宁波"两大战略和生态市建设过程中,对气象灾害防御工作提出了新的更高的要求,通过加强气象灾害防御工作,可以进一步提高支撑和服务于全面建设小康社会、促进经济社会可持续发展的能力。2010 年 3 月 1 日颁布实施的《宁波市气象灾害防御条例》和 2017 年 7 月 1 日施行的《宁波市气候资源开发利用和保护条例》,结合宁波实际,从气象灾害的防御规划、预防措施、监测预警和信息发布、应急处置、人工影响天气、雷电灾害防御以及气候资源监测、区划、规划、开发利用、保护、可行性论证等方面作了全面细致的规定,还特别就气象灾害联合监测和信息共享、灾害应急、气候资源开发利用、气候可行性论证等提出了更新颖、更精细、更具可操作性的措施。

在市委、市政府的正确领导下,各级党委、政府和有关部门对气象灾害防御的重视程度和支持力度进一步加大,以人为本、关注民生、减灾增效、防灾维稳的防灾减灾理念日益坚定,科学防灾、综合减灾的防灾减灾思路日益强化,广大人民群众的防灾意识和防灾知识明显提高,宁波市气象灾害防御能力和水平大大提高,气象灾害防御的效益十分显著,取得了可喜的进展。

1. 4. 1 非工程性防御

(1)气象监测、预警设施

近年来,全市完成了气象雷达、毫米波雷达、区域自动气象站、视频天气会商、网络通信、卫星云图、气象影视节目、应急移动气象台、能见度观测网、高性能计算机、大气电场仪、风廓线仪和预报业务平台改造等建设项目,宁波市气象现代化建设水平明显提高,自动气象观测系统建设初具规模,基本实现对全市重大气象灾害过程监测不漏网。

(2)灾害性天气预报业务与服务

目前,基本建立了以现代化气象探测信息为基础,以数值预报模式释用为主要手段的天气气候预报预测业务体系,预报预测的准确率、精细化程度和预警的时效性不断提高,开展了农业、林业、交通、水文、港口、地质、海洋、环境、卫生、城市、电力等专项气象预报。重点加强热带气旋(台风)、暴雨、雷电、雨雪冰冻、大风、高温干旱等灾害性天气的监测预报服务工作,积极参与平安宁波、生态宁波、粮食安全、政策性农业和农房保险等工作,防灾减灾及突发公共事件的保障服务得到加强。

(3)基层气象灾害防御工作基础

建立了"政府主导、部门联动、社会参与"的基层气象灾害防御体系,并将基层气象灾害防御体系纳入基层防汛体系建设。将气象协理员信息员队伍建到村(社区)级组织,重点承担预警信息传播、灾情调查、科普宣传等工作,成为气象灾害防御基层组织体系的重要组成部分。

(4)气象灾害风险管理措施

部门间的资源共享和联动进一步推进,气象部门已与水利、农业、林业、国土、海洋、环保、交通、城管等部门初步建立了联合会商和预警机制,"政府主导、部门联动、社会参与"的气象防灾减灾工作体系建设初显成效。

气象灾害防御与市级气象工作网络体系建设纳入市政府目标责任制考核。各区(县、市)明确气象工作分管领导,落实责任制,100%的区(县、市)建立了气象灾害应急响应预案。建立了汛期防灾预案制度、灾情速报制度、险情巡查制度和汛期值班制度等一系列相关的制度,初步建成市、县、村三级的群防群策防灾网络,在临灾预报中发挥了积极作用。

1.4.2 工程性防御

(1)工程性设施概况

随着近年来"城市防洪""标准海塘""水资源调蓄工程""清水河道""农民饮用水""百库保安""百闸加固配套""千里河道整治""小流域治理"等工程的建设,宁波市防洪排涝能力得到了较大程度的提升。

(2)重点防洪工程

"上蓄"工程:主要指流域上游山区水库类建设工程。至"十一五"末,完成续建的大中型水库有周公宅水库、溪下水库、西溪水库、上张水库、双溪口水库、力洋水库加固扩容以及牟山湖水库疏浚增容共 7 座,总库容 3.072 亿 m^3;新建、扩建小型水库5 座。

"下控"工程:主要指流域干流两侧堤防工程。至"十一五"末,完成市区"三江六岸"城防工程、奉化市江拓浚及堤防工程、剡江溪口段整治工程、宁海颜公河干流整治工程以及姚江大闸闸下河道与甬江干流清淤维护工程;小流域综合治理完成5 条。

"中疏"工程:主要指平原地区骨干排涝河道整治及排涝相应配套设施工程。至"十一五"末,鄞东南平原主要完成甬新河工程,江北镇海平原主要完成姚江东排江北段、镇海段一期工程。

"外挡"工程:主要指沿海标准海塘建设及维修加固工程。

第 2 章
热带气旋(台风)及灾害基本特征

热带气旋(台风)是全球发生频率高、影响严重的自然灾害。全球每年平均发生80～100个热带气旋,带来60亿～70亿美元的经济损失和成千上万人死亡。我国是世界上受热带气旋(台风)影响频繁、灾害严重的国家,据亚太经社理事会(ESCAP)和世界气象组织(WMO)所属台风委员会年度报(Annual Report)公布数据统计,我国因热带气旋(台风)造成的经济损失是日本的7.3倍、菲律宾的10.2倍,越南的22.3倍。影响我国的热带气旋(台风)主要产生在太平洋热带洋面,并沿西太平洋副热带高压南部的东风气流向西行进,直至影响我国东部及南部沿海地区,有的甚至深入我国内陆腹地。台风是影响宁波的主要气象灾害,平均每年影响台风有2～5个,基本上每两年有一个重大影响台风。2007年以来的近十年特别是近五年来,宁波连续遭遇强台风袭击,1211"海葵"、1323"菲特"、1416"凤凰"、1509"灿鸿"、1521"杜鹃"以及1614"莫兰蒂"等均给宁波带来严重影响,造成较大经济损失。防御台风灾害是政府部门的重要工作之一,台风路径复杂,降水量级和落区预报难度大,给防汛防台工作带来严峻考验,每年夏秋两季是宁波市热带气旋(台风)灾害多发期,热带气旋(台风)引起的狂风暴雨不仅摧毁房屋、淹没田地,其所引发的山洪、滑坡、泥石流以及城市内涝等次生灾害,严重威胁着人民的生命财产安全。

2.1 热带气旋(台风)气候特征

2.1.1 研究数据

(1)台风气候资料

①中国气象局编撰、气象出版社出版的《热带气旋年鉴》,包括:热带气旋概况、路径以及热带气旋引起的降水、大风等资料。

②1956年以来至2016年宁波市的8个国家气象观测站基本气象数据(时间不一,有些气象站数据时间晚至1981年),包括日最低气压、平均风速、最大风速、极大风速、12 h降水量、日降水量、入梅日期、出梅日期、每个台风生成及行进过程中以6 h为时间间隔所测得的经纬度、中心风速和过程雨量等;2005—2016年300余个区域自动气象站数据(区域自动气象站自2005年开始建设),包括降水量、平均风速、最大风速、极大风速。

③前期气象科技工作者对宁波市台风气候特征的总结分析。

(2)地理信息资料

宁波市区县(市)行政边界(包括河流、道路)shp 格式数据。

(3)灾情资料

起始年至 2016 年各区县(市)台风灾害的灾情损失数据,包括受灾人口、伤亡人口、损失农作物、直接经济损失、倒损房屋等。

2.1.2 影响宁波的热带气旋(台风)定义

(1)热带气旋标准

根据国家标准 GB/T19201—2006《热带气旋等级》规定,我国将热带气旋分为热带低压、热带风暴、强热带风暴、台风、强台风和超强台风等 6 个等级,具体分类见表 2.1。

表 2.1 热带气旋等级

热带气旋等级	底层中心附近最大风速(m/s)	底层中心附近最大风力(级)
热带低压(TD)	10.8~17.1	6~7
热带风暴(TS)	17.2~24.4	8~9
强热带风暴(STS)	24.5~32.6	10~11
台风(TY)	32.7~41.4	12~13
强台风(STY)	41.5~50.9	14~15
超强台风(SuperTY)	≥51.0	16 或以上

(2)影响宁波热带气旋(台风)定义

我国每年都受到热带气旋(台风)的影响,但不一定都对宁波造成灾害,给出对宁波有影响的热带气旋(台风)的定义是必要的。影响宁波的台风定义为:西北太平洋台风活动期间,凡台风中心进入北纬 25°至北纬 30°,东经 115°至东经 125°区间,宁波辖域内 8 个基本站因该热带气旋(台风)引起的有一个或更多站点出现大于或等于 8 级(17.2 m/s)大风或日降水量超过 50 mm,这样一次台风(热带气旋)定义为影响宁波的台风。

2.1.3 影响宁波热带气旋(台风)的路径分布特征

根据台风是否在浙闽沿海登陆及登陆后的走向,将影响宁波的热带气旋(台风)分为 4 类。

Ⅰ型:在浙江省沿海登陆,且登陆后的移动路径为继续向西或西北方向行进,进入我国内陆省份并减弱消亡。

Ⅱ型:在福建省沿海登陆,且登陆后的移动路径为继续向西或西北方向行进,进入我国内陆省份并减弱消亡。

Ⅲ型:在西太平洋或我国东南沿海形成,在其行进过程中未登陆,但在我国近海转向北或东北方向(125°E以西)。

Ⅳ型:在浙江或福建沿海登陆,登陆后上穿浙江全境,并逐渐转向北或东北方向行进。

根据对宁波造成影响的热带气旋分析,Ⅲ型台风出现的频次最高,其次为Ⅱ型、Ⅳ型台风,最少的为Ⅰ型台风,过程面雨量最大的为Ⅳ型台风,平均为152.6 mm(过程面雨量:受某一主要天气系统影响,如台风,从开始降水到降水结束,所有区域自动站中每个站整个过程总雨量的平均值)。

2.1.4 影响宁波台风的特征分析

台风降水具有强度强、持续时间长、受地形影响大等特征,极易造成山洪、地质灾害、城市内涝等次生灾害,使人民生命财产受到极大威胁。近年来台风引起的灾害经济损失总量大,随着城市化进程的发展,特别对高楼林立的大中城市,台风所造成的停电、断水、住房损坏、排水不畅、交通中断等困境,会严重影响社会安定和人民生活,而宁波特殊的地理地形,使宁波成为有些台风的最严重影响区域,影响程度远大于台风登陆点附近,最典型的就是1323"菲特"。

(1)台风概况

据对1956年建站以来至2016年的61年气象资料进行统计与分析,按影响宁波的台风定义,出现影响宁波的台风共有171次,平均每年2.8次。台风影响最多的年份为1985、2001年,都有6次,没有台风影响的年份有4年(1967、1993、1996、2010年)。历史上影响宁波市的台风出现在5—10月,主要集中在7、8、9月及10月上旬,占总数的82.7%,又以10月上旬的秋台风影响最大,如0716"罗莎"、1323"菲特"。宁波是台风重影响区,影响宁波的台风大风持续时间一般在1~2 d,短的只有几小时,长的可达70~80 h,如9711号台风,象山8级大风持续77 h。降雨的持续时间短的1~2 d,长的可达6~7 d,洪涝影响时间长的可达一周,如1323号"菲特"台风(图2.1、图2.2)。

图2.1　2013年"菲特"台风后余姚受淹情况　　图2.2　2013年"菲特"台风后余姚主城区90%受淹

61年中,在宁波沿海正面登陆的台风有8次(5612、7413、7805、8807、8909、0008、1211、1416),影响宁波最早的台风是2006年1号台风"珍珠",为5月中旬;最晚的是 2004 年 28 号台风"南玛都",为 12 月上旬,这两次台风对宁波都造成一定的影响,但影响不是很严重。

　　61 年来造成不同程度灾害损失的台风有 55 次,成灾年均 0.9 次。通过对宁波历次热带气旋(台风)强度与灾情的对比分析,并结合各省市对各地热带气旋(台风)标准的定义,制定了多种对宁波产生灾害的热带气旋(台风)标准,台风影响程度划分为 6 个等级:轻微影响、中度影响、严重影响、严重破坏、灾难性破坏和毁灭性破坏,其中严重影响及以上的年平均分别为 1.6 个、0.5 个和 0.24 个,毁灭性破坏的历史上只有 1 个,为"八一"大台风(表 2.2、图 2.3 至 2.5)。

表 2.2　热带气旋影响程度

序号	程度	标准:辖区内气象站至少有 1 站满足:
1	轻微影响	50 mm≤过程雨量<100 mm 或 8 级≤阵风<10 级
2	中度影响	100 mm≤过程雨量<200 mm 或 10 级≤阵风<12 级 或 50 mm≤过程雨量<100 mm 且 8 级≤阵风<10 级
3	严重影响	200 mm≤过程雨量<300 mm 或 12 级≤阵风<14 级 或 100 mm≤过程雨量<200 mm 且 10 级≤阵风<12 级
4	严重破坏	300 mm≤过程雨量<400 mm 或 14 级≤阵风<16 级 或 200 mm≤过程雨量<300 mm 且 12 级≤阵风<14 级
5	灾难性破坏	400 mm≤过程雨量 或 16 级≤阵风<17 级 或 300 mm≤过程雨量<400 mm 且 14 级≤阵风<16 级
6	毁灭性破坏	阵风>17 级

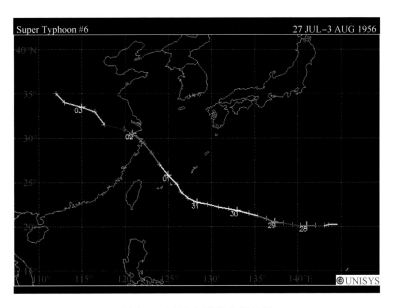

图 2.3　5612 台风移动路径图

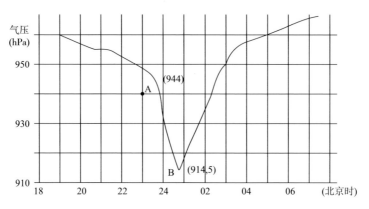

图 2.4　1956 年 8 月 1 日 18 时至 2 日 7 时象山石浦气压曲线图

图 2.5　5612 台风纪念碑

（2）影响宁波台风的特点

影响宁波的台风主要有三个特点：强、灾重、复杂。

①强度强。根据最新研究，近年来强台风出现频率有明显增多的趋势，如果台风强度强，其造成的破坏会更大。

②灾情重。台风带来的大暴雨、强风会给宁波带来严重的灾害(如 0908"莫拉克"台风,图 2.6),尤其是风、雨、潮三个影响因素同时发生时,势必造成重大的气象灾害。1956 年 8 月 1 日 12 号超强台风登陆象山,推算其登陆最大风速为 65 m/s(17 级以上),正值潮汛期,引发风暴潮,暴雨引发山洪暴发,强风、暴雨、风暴潮造成人员死亡达到 3982 人,是一个令宁波人民记忆里无法抹去的毁灭性破坏台风。

③路径、类型复杂。首先是路径复杂,台风移动的拐点往往在浙江沿海,还常有停滞打转现象,其次,台风影响的类型复杂,近海台风、三碰头(风、雨、潮)台风(如9711)、干台风以及连环台风等时有出现,登陆福建中北部的台风对宁波的影响有时大于对福建的影响。另外,有的台风或台风倒槽遭遇冷空气,造成大范围的中尺度强对流天气,出现龙卷风、冰雹、雷暴天气和大暴雨。

图 2.6 0908"莫拉克"影响后情景

(3)登陆宁波台风情况

1956 年以来总共有 8 个台风登陆宁波,5612("八一"大台风)影响最严重,1211"海葵"次之(表 2.3)。

表 2.3 历史上登陆宁波 8 个台风情况

编号	登陆地点	登陆最大 风速(m/s)	登陆气压 (hPa)	登陆时间	最大过程雨量 (mm)
5612	象山南庄 (门前涂)	65	923	1956 年 8 月 1 日 24:00	余姚四明山 516.5
7805	宁海—三门 交界	45.8	992	1978 年 7 月 23 日 08:00	宁海榧坑 148
8807	象山 林海乡	37	970	1988 年 8 月 7 日 23:00	象山 111.7
8909	象山—三门 交界	41	975	1989 年 7 月 21 日 02:00	宁海上寒 302

续表

编号	登陆地点	登陆最大风速(m/s)	登陆气压(hPa)	登陆时间	最大过程雨量(mm)
9806	舟山普陀—北仑崎头	34.4	990	1998年9月20日02:00	奉化121.5
0008	象山爵溪镇	35	970	2000年8月10日20:00	象山158.7
1211	象山鹤浦镇	42.0	965	2012年8月8日03:20	宁海胡陈540.0
1416	象山鹤浦镇	28.0	985	2014年9月22日19:35	象山外高泥331.0

(4)影响宁波台风需要特别关注的特征

从气象角度研究影响宁波台风影响动向,有以下几点特别值得关注:

①从台风强度来看,尤其要警惕最大风力大于42 m/s,中心气压低于955 hPa的台风,一旦登陆将会造成大灾。

②从台风范围大小来看,尤其要重视10级风圈半径在100 km以上的台风,如强度也大,则可能是严重影响台风。

③从登陆地段来看,影响最严重的台风绝大多数登陆是在浙中南到福建的中北部。从登陆的走向来看,浙江登陆的台风西行、西北行影响最大;福建登陆的台风,进入浙江北行影响最大。

④从移向来看,如在浙北登陆,移向北北西、偏北,其影响程度不如西北、西北西、偏西。在浙南登陆偏西移动的影响要相对较小。在浙中登陆移向西北,最为严重。

⑤从移速来看,移速快慢对台风的影响程度有一定的关系,慢速台风由于滞留时间长,会增加受灾程度。

⑥从转向点位置来看,台风在沿海转向的经度不同,往往造成的影响也不同,在123°E以西转向,一般都会有较大影响。

⑦从潮汛来看。如处在天文大潮汛期间,台风增水与天文大潮增水叠加,致使江河水位上涨。海水高潮位,还易发生海水倒灌,增加内涝概率和受灾面积。

⑧从台风倒槽与冷空气相互作用来看。登陆福建甚至广东的台风往往带有明显的台风倒槽,一旦它与北方冷空气结合,就会造成大暴雨。所以,一定要密切关注北方南下的弱冷空气的活动。

⑨台风降雨区域与受灾面积直接相关。当过程雨量100 mm以上的降雨范围达到全市土地面积的40%以上,就会造成一定影响,当100 mm以上的降雨范围达到全市土地面积的80%以上或200 mm以上的降雨范围达到全市土地面积的40%以上,则会造成中度以上甚至较严重的影响。

⑩台风的风与雨的关系。一般来说,"大台风风大雨小,小台风风小雨大","8月台风风大雨小,9月台风风小雨大"有一定的科学道理。但又大又强的台风往往就不是这样的规律。

⑪要特别重视秋台风的影响。由于海温等条件较差,秋台风的强度一般不会发展较强,但由于秋季冷空气逐渐活跃,秋台风和冷空气的结合往往造成明显降水,产生严重影响。

⑫要十分警惕近海台风。近海生成的台风简称近海台风。虽然强度不大,但由于是新生,强度往往会逐步加强;另外,由于生成到影响的时间短,往往容易措手不及。

⑬要考虑地形影响。登陆点的地形地貌对台风影响的严重程度有密切关系,分析表明登陆在河口、平原地带有利于台风深入内陆,而在山窝、山地丘陵处登陆,容易消耗能量,强度减弱,影响程度降低。

综上所述,在浙江登陆的台风主要考虑强度、范围、登陆地段、移向、移速、冷空气、地形、潮汐等,如全部符合严重影响程度,则要考虑是一个最严重的影响台风。在福建登陆台风,则重点考虑倒槽和冷空气的相互作用以及登陆后是否向浙江方向移动。

2.1.5　宁波台风灾害情况

宁波受台风影响,容易造成强风、风暴潮、暴雨,以及由此引发的次生灾害,主要是由于以下两个原因造成的。

(1)自然地理条件

宁波地处浙东沿海,海岸线长达 1594.4 km,其中陆域岸线 835.8 km,岛屿岸线为 758.6 km,占浙江省海岸线的四分之一,由于位于我国海岸线中段,台风影响范围广。西北太平洋上生成、发展的台风,向西北移动的台风,可正面袭击和影响宁波。

宁波地势从西南向东北倾斜,呈西南高东北低走势,最大高程差近 1000 m,东部和北部滨海地带海拔低于 10 m,水网密布,江湖相连,地势平坦,主要山脉由西南向东北延伸,朝向基本与海岸线平行,每遇台风,由于地形抬升作用,山区更易出现暴雨,引发地质灾害。宁波河流源短流急,三江汇集市区,每遇暴雨,江河中上游集流快,常常山洪暴发,下游排水不畅,加上潮水顶托,给城市和平原地区造成长时间的内涝灾害。

(2)台风因子的作用

台风所构成的破坏力,主要是伴随的狂风、暴雨和风暴潮这三个因子。特别是在宁波地区正面登陆、浙江与福建之间登陆以及登陆后北上的台风,都可能出现狂风、暴雨,对宁波影响较大。此外,如台风影响期间又与北方冷空气相遇,形成气象上"倒槽",则暴雨更是量大面广。

台风登陆或紧靠沿海北上,岸边海面潮位升高,特别遇到大潮汛,如风暴增水过程的峰值与天文高潮相遇,会出现台风暴潮,典型的是9711号台风,台风暴潮每年平均 1.8 次(宁波市历年台风灾害简要统计,见表 2.4)。

表 2.4　宁波市历年台风灾害简要统计(1956—2015)

台风编号	登陆点(月.日)	灾情
5612	象山(8.1)	8 月 1 日 24 时,5612 号强台风在象山门前涂登陆,海、江塘损毁严重,象山县南庄平原全部被淹,房毁人亡,损失惨重,称"八一大台风"。风力 17 级以上,过程降水 150 mm,局地 516 mm。受淹农田 194.3 万亩[①],死亡 3982 人,11.45 万户受灾。
6126	三门(10.4)	风力 12 级以上,过程降水 300 mm,局地 510 mm。受淹农田 113.9 万亩,死亡 64 人,1.3 万户受灾。
6214	连江(9.6)	风力 10 级,过程降水 300 mm,局地 548 mm。农田受淹 226.8 万亩,死亡 134 人,13.2 万户受灾,潮 4.7 m。其中姚江流域受淹成灾农田 176.2 万亩,低田受淹十多天,倒塌、损坏房屋 7215 间,死 19 人,余姚城南城北一带地面积水深 1.5～2 m。
6312	连江(9.12)	风力 10 级,过程降水 423 mm,局地 766 mm。受淹农田 164 万亩,倒塌、损毁房屋近 6000 间,死 34 人。
7413	三门(8.19)	过程降水 150 mm,局地 240 mm。沿海出现罕见大潮,海塘坍塌、决口、脱坡严重,咸潮涌入,毁房屋 11815 间,死 104 人。
7910	近海北上	8 月 22 日晚至 24 日,紧靠沿海北上,沿海风力 10～12 级,潮水进入宁波市区,海、江塘损毁严重,死 23 人,伤 55 人,倒塌房屋 11311 间。
8114	近海北上	8 月 31 日至 9 月 3 日,紧靠沿海北上,宁波、镇海、慈溪均录得新中国成立以来最高潮位,慈溪、镇海等沿海地区潮水过塘,全区海、江塘倒塌 173.48 km,死 17 人。
8214	近海转向	风力 12 级,过程降水 50 mm,局地 214 mm。受淹农田 77.3 万亩,死亡 15 人,甬江潮位 4.96 m。
8712	晋江(9.10)	风力 10 级,过程降水 150 mm,局地 463 mm。连续暴雨,奉化江、姚江水位猛涨,并受高潮位顶托,排涝时间延长,全市受淹农田 109.58 万亩,灾民 4 万余户,死 8 人。
8807	石浦(8.7)	风力 12 级,过程降水 100 mm,局地 200 mm。受淹农田 37.3 万亩,死亡 29 人,直接损失 4 亿元。
9015	椒江(8.31)	正面袭击东南沿海的象山、宁海、鄞州、北仑等地,风力达 35 m/s,其中象山石浦 53 m/s。全市 24 h 面雨量达 200 mm 以上,点雨量岩头石门 498 mm,杜锡 468 mm。山洪暴发,水库、江河水位猛涨。172 个乡镇,126 万人受灾,转移人口 3.4 万人,死亡 9 人,受伤 69 人,被洪水围困村庄 94 个,民房损坏 31480 间。宁波市区 30 余处低洼地段民房进水,全市受涝农田 69.75 万亩,冲毁及沙压农田 8020 亩,冲毁水利工程 660 多处,冲毁公路路基 102 km,700 多家工厂和 9 个盐场进水,直接经济损失 1.25 亿元。

---

① 　1 亩＝1/15 公顷,下同。

续表

台风编号	登陆点(月·日)	灾情
9216	长乐(8.31)	全市平均降雨量 260 mm 以上,最大的宁海马岙 725 mm,奉化大堰 673 mm,皎口水库 536 mm。奉化西坞水位达 5.35 m(吴淞高程),超警戒 1.35 m;横山水库水位达 100.81 m,超汛限水位 18.31 m;皎口水库水位超过汛限水位 11.75 m。沿海地区潮位高,风浪大。89 个乡镇、1338 个村受灾,受灾人口 117.55 万人,被洪水围困 25.26 万人,紧急转移 6.17 万人。损坏房屋 1.61 万间,受淹农作物 141.71 万亩,毁坏耕地 2.4 万亩。水毁水利工程 1902 处,其中江海塘 252 处共 229.48 km,碶闸 58 座、塘坝 123 处,全停或半停产企业 2885 家。冲毁桥涵 521 处,毁坏路基 410 km,损坏通信、输电线 894 杆,线路长 116.3 km。大批生产资料和生活资料受到严重损失,死亡 23 人,伤 89 人。全市直接经济损失 5.95 亿元。
9219	平阳(9.21)	山区在 200 mm 以上,平原地区 100 mm。101 个乡镇、2585 个村受灾人口 124.2 万人。洪水围困村庄 329 个,紧急转移人口 4.43 万人。死亡 20 人,重伤 165 人,损坏房屋 1 万余间。农田受淹 118.62 万亩,沙压农田 2.83 万亩。水毁水利工程 1593 处,其中损坏堤防 82.7 km、碶闸 31 座、山塘水库 675 处,冲毁公路路面 904 km。其中宁海县西店岭口村在 9 月 22 日上午 8 时 30 分左右发生大面积山体滑坡,造成 37 户人家、100 多间房屋被淹埋,死亡 6 人,伤 22 人,倒房 394 间。全市直接经济损失 3.63 亿元。
9417	瑞安(8.21)	沿海地区阵风 12 级,其中石浦实测风力 43 m/s,8 级大风持续 48 h。东南部一天降雨量在 100 mm 以上,宁海马岙 263 mm,奉化石门 257 mm。台风影响期间又逢农历七月十五日大潮汛,风暴潮增水与天文潮高潮位碰头,宁波市三江口潮位 4.72 m(吴淞高程),超警戒 0.72 m;象山大目涂 3.48 m,比历史高潮位只低 4 cm,奉化西坞、鄞东南水位均超过警戒线 0.4 m 至 0.6 m。全市有 2 个集镇、8 个村、5.87 万人受洪水围困,紧急转移 1.69 万人,死亡 8 人。农作物受淹 82.24 万亩,毁坏耕地 4730 亩。水毁水利工程 1100 处,其中江海塘 460 处总长 49.5 km、山塘水库 452 处、碶闸 39 座。损坏房屋 3927 间。直接经济损失 1.62 亿元。
9711	温岭(8.18)	台风强度强,范围大,又正值农历七月半的天文大潮汛,典型的"风、雨、潮"三碰头。宁波内陆地区普遍出现 9～11 级大风,沿海海面出现 12 级以上大风,象山 8 级大风维持 77 h,持续时间之长为历史罕见。全市平均降水量 182.5 mm,宁海在 300 mm 以上,最大 417 mm。全市农作物受淹 14.6 万 hm²,倒塌房屋 2.6 万间,冲毁桥梁 123 座,公路路基 220 km,因灾死亡 19 人,失踪 26 人,直接损失 45.43 亿元。
9806	北仑(9.20)	受灾 81 个乡镇、1828 个村,人口 50 万人。损坏房屋 2670 间,农作物受淹 60.76 万亩,119 家工矿企业停工或半停工。毁坏公路 7.5 km,桥涵 10 座。损毁水利工程 397 处,其中海塘 18.71 km,江堤 56 处,水闸 7 座。直接经济损失 2.4 亿元。

台风编号	登陆点(月．日)	灾情
0008 杰拉华	象山(8.10)	沿海有 9～11 级大风,南部地区出现了大到暴雨过程,特别是象山 11 日达到了大暴雨,但北部地区只下了小雨,受其影响,全市有 76 个乡镇的 225 个村受灾,房屋损坏 1516 间,农作物受灾面积 42.09 万亩,沿海养殖受损面积 8.95 万元,直接经济损失 3.3 亿元。
0010 碧利斯	福建晋江(8.23)	南部地区 23—24 出现了大到暴雨,沿海 24—26 日有 8～10 级偏南风。造成田间湿度大,棉花烂桃严重,晚稻纹枯病、白叶枯病有所漫延。
0012 派比安	沿海北上(8.30)	部分地区大到暴雨,沿海有 10～12 级大风,沿海海涂养殖受损严重,北部地区未摘的黄花梨被风刮落,全市直接经济损失 1.31 亿元,无人员伤亡。
0014 桑美	沿海北上(9.15)	沿海风力达 12 级以上,普降暴雨局部大暴雨。全市直接经济损失达 16.7 亿元,其中损失最重的是农林牧渔业,损失额达 8.89 亿元。
0205 威马逊	近海北上	沿海风力达 12 级,最大风速出现在石浦站(北风 38.3 m/s);内陆风力达 8～10 级,各地普降大到暴雨,象山过程雨量达 105 mm。全市直接经济损失达 5 亿元,其中农业经济总损失达 4.05 亿元。
0216 森拉克	温州苍南县(7.18)	全市过程雨量普遍达大到暴雨,局部大暴雨。石浦气象站极大风速达 35.6 m/s,10 级大风持续时间达 13 h。狂风暴雨给宁波市造成了一定的损失,其中象山、宁海、奉化等地受灾较重,全市直接经济损失 2.71 亿元,其中农林牧渔业损失 2.07 亿元,工业交通运输业损失 0.18 亿元,水利设施损失 0.44 亿元。
0414 云娜	温岭石塘(8.12)	暴雨局部大暴雨,风力大于 12 级。受灾人口 62.94 万人,死亡 2 人,倒房 2288 间,农作物受灾面积 4.815 万 hm²,直接经济损失 9.89 亿元。
0421 海马	温州龙湾(9.13)	大暴雨局部特大暴雨,风力 10 级。低洼地区受淹严重。公路多处塌方,交通中断。降雨相对集中,主要河网普遍超警戒水位,由于潮水顶托,排水受限,农田受淹,市城区部分小区、马路积水严重,个别地方发生公路边山坡塌方和局部(余姚大岚镇夏家岭)泥石流情况,直接经济损失 2.46 亿,其中农林牧渔业损失 1.26 亿元,工业交通运输业损失 0.38 亿元,水利设施损失 0.69 亿元。
0505 海棠	福建连江黄岐(7.19)	全市普降大到暴雨、局部大暴雨,石浦站出现了 11 级大风。全市 27 个乡镇不同程度受灾,受灾人口 2 万人,倒塌房屋 371 间,农业受灾面积 0.485 万 hm²,水产养殖受损面积 0.258 万 hm²,台风还毁坏公路 15 km,损坏堤防 41 处,水闸 14 座,直接经济损失 8000 万元。20 日凌晨 5 时许,余姚陆埠镇杜徐村发生小范围山体滑坡,滑坡量 20 m³,没有造成人员伤亡,受滑坡影响的 9 户人家已经安全转移。

台风编号	登陆点(月.日)	灾情
0509 麦莎	台州玉环干江(8.6)	全市 98 个乡镇不同程度受灾,受灾人口 76.3 万人,共倒塌房屋(棚屋) 6803 间;农作物受灾面积 7.26 万 hm²,成灾面积 4.33 万 hm²,绝收面积 1.77 万 hm²,粮食减收 7.1 万 t;死亡大牲畜 2.2 万只;水产养殖受损面积 1.38 万 hm²,损失产量 3.1 万 t;有 4681 家工矿企业停产或半停产;毁坏各 类公路 161.2 km;损坏输电线路 219.7 km;损坏通信线路 96.8 km;损坏堤 防 543 处 103.1 km,堤防决口 182 处 26.5 km,损坏水闸 135 座。地质灾害 发生多处,6 日凌晨,奉化市大堰镇南溪口发生一起山体小规模崩塌,崩塌 的土石方在 200 m³ 左右,没有造成人员、财产损失;6 日上午 10 点 40 分, 余姚市陆埠镇裘岙村有 3 间平房被下落的山石压塌,造成了一定的财产损 失,但没有人员伤亡;7 日凌晨 0 时许,鄞州塘溪东山新村一座编号为 85218 的出租房被泥石流冲毁,造成一死一轻伤,象山县境内公路出现多处 崩塌和泥石流。台风给北仑造成的损失最大,达到 6.18 亿元,其次是象山 县和宁海县,分别为 5.85 亿元和 5.55 亿元。全市直接经济损失 26.97 亿 元,其中农林牧渔业损失 16.82 亿元,工业交通运输业损失 5.07 亿元,水 利设施损失 3.05 亿元。
0515 卡努	台州路桥金清(9.11)	西南山区降水普遍在 200 mm 以上,其中宁海的望海岗 424.5 mm,奉化的 董家、象山的西周黄泥桥、墙头和象山站雨量都在 300 mm 以上。北部的四 明山区普遍在 200 mm 以上,其中丁家畈达 357.4 mm;北部地区的雨量中 心位于北仑,普遍超过 200 mm,其中新碶镇雨量最大为 509.2 mm,春晓镇 405.2 mm。内陆各地出现了 9～11 级大风,沿海海面风力有 12 级以上,其 中石浦站极大风 47.2 m/s,檀头山的极大风速达到 50.9 m/s。全市 95 个 乡镇不同程度受灾,受灾人口 129.9 万,被困人口 4.5 万,饮水困难人口 4.6 万,直接经济损失达 41.78 亿元。其中象山、宁海损失最大,其次是奉 化和北仑。农作物绝收面积 1.13 万 hm²,水产养殖损失产量 3.29 万 t。 2149 家工矿企业停产或半停产,公路毁坏 212 km,损坏堤防 527 处,决口 304 处。北仑区有 10 人在洪灾中不幸遇难,3 人失踪,其中 8 人死于山洪 暴发。
0608 桑美	浙江苍南(8.10)	登陆时近中心最大风力 17 级,苍南霞关实测最大风力 68.0 m/s。"桑美" 是新中国成立以来登陆我国大陆最强的台风,给温州带来重创。
0716 罗莎	福建福鼎(10.7)	新中国成立以来登陆浙江最晚的台风,其路径怪异,期间与冷空气结合给 宁波带来强降水和持续大风。全市过程雨量普遍在 200～300 mm,西部山 区基本上在 300 mm 以上,其中有 4 个站雨量超过 400 mm,最大宁海红泉 水库 518 mm。宁波沿海海面出现了 10～12 级大风,沿海和内陆地区分别 出现了 8～10 级和 6～8 级大风。
0908 莫拉克	福建霞浦(8.9)	强降水主要分布在西部山区及象山港以南地区,雨量普遍在 300 mm 以上, 全市过程面雨量前三位分别是宁海 343 mm、奉化 301 mm、象山 226 mm, 最大测站为奉化大堰 536.6 mm。

台风编号	登陆点(月.日)	灾情
1211 海葵	宁波象山(8.8)	正面袭击宁波,最大风力石浦站 50.9 m/s,10 级大风持续 42 h,12 级以上大风持续 27 h。全市出现暴雨到大暴雨,局部特大暴雨,过程平均雨量 238 mm,最大 540 mm(宁海胡陈)。受台风影响共有 138 个乡镇不同程度受灾,受灾人口 143.2 万人,直接经济损失 102 亿元,成为继 5612 号"八一大台风"之后影响宁波最严重的台风。
1323 菲特	福建福鼎(10.7)	结合"丹娜丝"和冷空气,宁波出现了有气象记录以来过程雨量最大、雨强最强的台风暴雨。全市平均面雨量 363.7 mm,最大余姚平均 450 mm,单站最大余姚梁弄 694.8 mm,余姚五车堰极大小时雨量 109.7 mm,有 35 个测站≥500 mm,73 个测站≥400 mm。沿海海面普遍出现 10～11 级大风,加之恰逢天文大潮,宁波大部分地区出现高潮位,从而影响积水排泄。姚江水位一度超过警戒水位 1.56 m,为新中国成立以来最高,姚江最高水位余姚站 3.40 m,超过历史最高水位 0.47 m。城市内涝十分严重,造成全市 148 个乡(镇、街道)248.25 万人受灾,农作物受灾面积 12 万 hm²,成灾 6.5 万 hm²,倒损房屋 2.7 万间,死亡 8 人,失踪 1 人,直接经济损失 333.62 亿元。余姚受灾最重,70%区域受淹,主城区 90%区域受淹,全线停水、停电、交通瘫痪,大部分住宅底层进水,损失超 200 亿元。"菲特"降雨强度之大、影响范围之广、损失之大列新中国成立以来第二位。
1416 凤凰	宁波象山(9.22)	正面登陆宁波象山鹤浦镇,全市普遍出现强降雨和持续大风,平均过程雨量 136.5 mm,有 172 个站大于 100 mm,最大降水出现在象山外高泥 331 mm;沿海海面普遍出现 10～12 级大风,最大象山南韭山 12 级(35.3 m/s)。局部地区发生小流域山洪和山体滑坡等灾害,部分交通、水利、电力、通信等基础设施受损,沿海地区农业遭受较大损失,受灾人口 334476 人,农作物受灾面积 14551 hm²,直接经济损失 5.62 亿元,其中农业损失 4.69 亿元。
1509 灿鸿	近海北上	虽然没有在宁波登陆,但其紧擦宁波北上转向,受密闭云区长时间的覆盖,造成的风雨影响强度强,过程雨量和大风强度都与登陆宁波象山造成严重影响的台风"海葵"相似。
1521 杜鹃	福建莆田(9.29)	全市普降暴雨到大暴雨、局部特大暴雨,平均面雨量 195.9 mm,最大宁海岭口 409 mm;城镇与平原区域多地出现严重内涝,宁波中心城区积水封道路段 41 处。受雷击和暴雨积水影响,宁波电网累计跳闸 10 kV 线路 13 条,拉停 6 条,累计停电 21232 户。受灾乡镇 123 个,受灾人口 35.96 万人,倒塌房屋 83 间,直接经济损失 16.17 亿元。1509 和 1521 台风巨灾保险赔付计 8000 余万元。

2.2　热带气旋(台风)灾害灾情分析

基于 1981—2015 年宁波热带气旋(台风)灾害特征的分析表明:除人员伤亡外,热带气旋(台风)的灾情主要表现在房屋倒损、农田受淹及直接经济损失等方面。显然,对热带气旋(台风)灾情的预估或评估,对于提高防台减灾策略的针对性和效率具有重要意义。影响宁波的热带气旋(台风)主要具有大风、暴雨以及风暴潮三种致灾方式,尤其前两种致灾方式,在不同强度条件和不同登陆路径下又有着不同的组合方式。在临海和平原区,大风作用较为明显,摧毁性大风是热带气旋(台风)的主要特征之一,热带气旋(台风)的气压场表现为极低的中心气压和极大的气压梯度,所以一个成熟的热带气旋(台风)其中心大风速可达 12 级以上,如此强大的大风造成的破坏性是很大的,它能摧毁房屋、堤岸等建筑物,拔起树木,使农作物倒伏,造成人员伤亡和财产损失。同样,暴雨也是热带气旋致灾的一个重要因素,饱含水汽的热带气旋既可以自身形成降水,也可以与西风带系统或热带天气系统相互作用共同形成暴雨。根据历史热带气旋(台风)记录分析,约 60% 的热带气旋(台风)过程伴随着暴雨天气的产生。由于热带气旋暴雨强度之大,往往在城市内因排水不及而造成局部被淹引起致灾性内涝,在山区造成山洪暴发,河流泛滥,冲毁民房、村镇、道路、桥梁,淹没农田,在坡地造成崩塌、滑坡、泥石流、水土流失等地质灾害。如在水库区,由于上游山洪暴发而水库排水、溢水不畅则有可能发生溢堤,甚至垮坝事件。由此形成了热带气旋暴雨灾害链(图 2.7)。

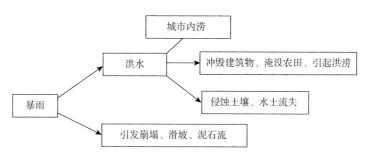

图 2.7　热带气旋暴雨灾害链

根据宁波各区县市影响台风的灾情记录结果,台风对宁波的成灾形式包括受灾人口、死亡人口、倒塌房屋、直接经济损失、农作物受灾面积等类型(表 2.5),但由于部分灾害类型的记录缺失,灾情信息时序不统一,以及在灾情采集过程中存在的人为误差,况且灾情本身就存在模糊性及不确定性,从而无法将所有的灾情记录都纳入分析过程。选取有代表性的伤亡人口数/人、倒损房屋/间、农作物受损面积/万亩、直接经济损失/万元等四个指标刻画灾情程度(图 2.8)。其中伤亡人口包括由台风导致的死亡人口和伤亡人口数;倒损房屋包括倒塌房屋数和受损房屋数;受损农田包括农作物受灾面积和农作物成灾面积数。

表 2.5　宁波市气象灾害灾情类型

死亡人口	受灾人口
被困人口	饮水困难人口
失踪人口	受伤人口
转移安置人口	倒塌房屋
损坏房屋	直接经济损失
农作物受灾面积	农作物成灾面积
农作物绝收面积	损失粮食
大棚损坏	农业经济损失
死亡大牲畜	死亡家禽
畜牧业经济损失	水毁中型水库
水毁小型水库	水毁塘坝
堤坝决口情况	……

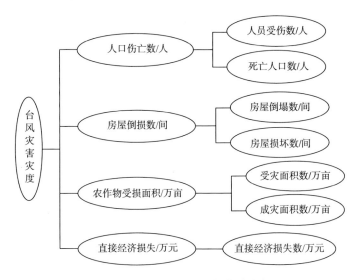

图 2.8　宁波台风灾害灾情统计指标

　　一般而言,社会经济损失按照社会经济部门的不同可以分为社会部门损失、生产部门损失和基础设施损失三大类。社会部门损失包括住房与人居环境损失,教育文化部门损失和医疗卫生部门损失;生产部门损失包括农业部门、工商业部门和旅游部门的受损状况;基础设施损失又主要包括电力系统,交通系统、通信、城市供水、供热、供燃气系统等。在每种部门内的社会经济损失状况又可以从直接经济损失与间接经济损失两方面分析。例如,在旅游业经济损失中直接损失包括对旅游资源、旅游基础设施的破坏程度,而间接经济损失又包括受此次灾害影响而导致的旅客减少,旅游行业经济效益下降的经济损失。但是此种分级分类方法对灾情数据要求比较高,可行性一般都不大,主要从典型性的直接经济损失的角度分析,足以反映宁波历史台风灾害在经济损失方面的现象,并揭示其分布特征。

选取近 10 年宁波市 300 余个区域降水量站逐时降水量作为基础资料,采用泰森多边形法计算权重系数,得到 7 场台风全市的面过程降水量(表 2.6)。从过程降水量来看,降水量主要集中在 180~250 mm,最大为 2013 年"菲特"台风的 364 mm,7 场台风的平均降水量为 229 mm。从灾害损失来看,2013 年"菲特"台风的损失最大,为 333.6 亿元,"海葵"损失超 100 亿元,其余损失多为 5 亿~30 亿元。

表 2.6　7 场台风的降水量、灾害损失等特征值

特征	2007	2007	2009	2012	2013	2015	2015
	罗莎	韦帕	莫拉克	海葵	菲特	灿鸿	杜鹃
降水量(mm)	233	188	195	238	364	188	196
台风路径类型	Ⅳ	Ⅳ	Ⅳ	Ⅳ	Ⅱ	Ⅲ	Ⅱ
登陆地点	福建省福鼎市沙埕镇	浙江省苍南县霞关镇	福建省霞浦县	浙江省象山县鹤浦镇	福建省福鼎市沙埕镇	浙江省舟山市朱家尖	福建省莆田市
灾害损失(亿元)	15.3	4.6	11.1	101.9	333.6	27.4	16.2

从台风路径类型来看,7 场台风中有 4 场为Ⅳ型,2 场为Ⅱ型。Ⅳ型台风发生的概率比较高,这 4 场Ⅳ型台风平均降水量为 214 mm,降水量级比较稳定,Ⅱ型台风降水量级较大,且变化幅度大。同样是Ⅳ型台风,"海葵"台风的灾害损失远远超出其他 3 场台风的损失。"海葵"台风降水量与"罗莎"台风接近,但损失为"罗莎"台风的 6 倍多,不考虑经济因素,单纯从自然因素来分析,有两方面原因:一是"海葵"台风的登陆地点是宁波象山县石浦镇,登陆时中心风力 14 级,7 级风圈覆盖宁波大部分区域,是正面袭击宁波台风,由大风引起的灾害损失占了很大比例,当时不少树木被连根拔起,电线杆被狂风吹倒(图 2.9),中继站的天线、馈线被强风损坏,倒塌房屋 2642 间,倒塌房屋数量远远大于其他 6 场台风;二是前期降雨明显,产流效率高,"海葵"台风降雨为 8 月 6—8 日,而之前的 8 月 2—4 日,宁波受到台风"苏拉"影响,全市过程降水量已达到 90 mm,土壤处饱和状态,据统计,6 座大型水库"海葵"期间的次洪径流系数在 0.84~0.93。与第二个因素类似,"灿鸿"台风灾害也受到前期梅雨影响,土壤水饱和程度高,大型水库的次洪径流系数在 0.93~0.99。

"菲特"台风造成的损失,除了农业、水利,还有交通、电力及工业生产等各方面。"菲特"台风在福建省福鼎市沙埕镇沿海登陆,登陆时中心附近最大风力有 14 级(42 mm/s),中心最低气压为 955 hPa,登陆后受冷空气影响与"丹娜丝"台风牵引作用,移动速度缓慢,其残留云系在华东地区徘徊滞留直至消散。残留云系与冷空气相互作用,致使宁波全市普降大暴雨,余姚、奉化、鄞州及宁波市区等地出现特大暴雨,甚至平原区域的雨量站也出现了突破历史极值的大值,导致洪灾与涝灾叠加,严重影响了民众的生产、生活等各方面。

图 2.9　1211 号台风"海葵"登陆象山鹤浦镇电线杆被折断图

第 3 章

暴雨洪涝灾害
基本特征

降水量是指从天空降落到地面上的液态和固态降水,没有经过蒸发、渗透和流失而在水平面上积聚的深度。它的单位是毫米(mm)。在气象上用降水量和降水形式来区分降水的强度,可分为:小雨、中雨、大雨、暴雨、大暴雨、特大暴雨、小雪、中雪、大雪、暴雪等。

宁波降水的月际变化,除 6、8、9 月外,其余各月降水量较大的是 7 月和 3 月,冬半年的 10 月到翌年 2 月较小(图 3.1)(2005—2016 年区域站数据统计)。5—9 月 5 个月的降水量占全年总降水量的 60% 左右,称为汛期降水;其中,最多的是 6 月,占 16%,表明梅汛期降水量对全年总降水量的贡献较大;其次为 8—9 月,占 25.8%,主要原因是 8—9 月受台风影响较集中。

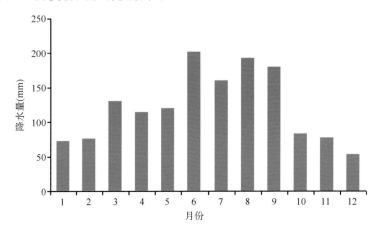

图 3.1 宁波市降水量的月际变化图

受地形等因素影响,宁波年平均降水空间分布差异大,南部多于北部,山区显著多于平原,全市各地年平均降水量普遍在 1300～2000 mm,三个大降水中心分别位于余姚四明山区、宁海西部山区和象山西北部与宁海接壤处,这种分布形态与宁波的地形(海拔高度)分布非常一致。前人研究表明,宁波的年降水量与海拔高度之间存在很好的正相关关系,四明山区和天台山余脉沿象山港两岸降水量较大,海拔 200 m 以上地区的年降水量基本在 2000 mm 以上(图 3.2)。

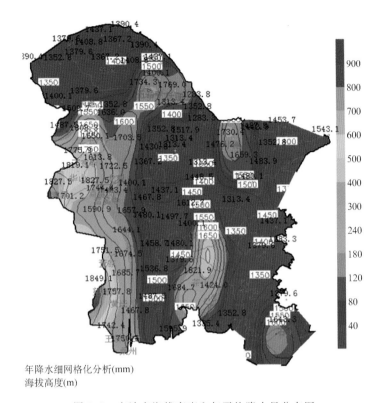

年降水细网格化分析(mm)
海拔高度(m)

图 3.2　宁波市海拔高度和年平均降水量分布图

3.1　暴雨概况

　　暴雨是宁波的主要极端天气气候事件之一,同时又是宁波水资源的主要来源之一。暴雨是降水强度很大的雨,一般指每小时降雨量 16 mm 或以上,或连续 12 h 降雨量 30 mm 或以上,或连续 24 h 降雨量 50 mm 或以上的降水。暴雨雨势猛,尤其是大范围持续性暴雨和集中的特大暴雨,极易形成洪涝灾害,不仅影响工农业生产,而且可能危害人民的生命,造成严重的经济损失。根据中国气象局颁布的降水强度等级划分标准,按降水强度大小强降水又分为三个等级,即 24 h 降水量为 50～99.9 mm 称为"暴雨";100～249.9 mm 称为"大暴雨";250 mm 及以上称为"特大暴雨"。

　　宁波市暴雨年均为 2.8～5.0 d,各月均有可能出现暴雨,但梅汛期和台汛期是暴雨相对集中的时段,大暴雨和特大暴雨多出现在 6 月、8 月至 10 月上旬。出现于 6 月梅期的暴雨占年总暴雨次数 26%,出现在 7 月至 10 月上旬台汛期的暴雨占 60%。造成宁波暴雨的主要天气系统有台风、梅雨、强对流及东风波、低压。台风暴雨强度强、持续时间长、受地形影响大,大暴雨或特大暴雨多为台风暴雨,易形成山洪、滑坡、泥石流、积涝等灾害。0716 号秋台风"罗莎"在浙闽交界处登陆,受台风和北方冷空气共同影响,全市平均面雨量达 232.9 mm,西部山区基本上在 300 mm 以上,最大宁海红泉水库达 518 mm。梅雨暴雨强度相对较弱、但持续时间长、范围大,可在数天内连续出现暴雨,易形成积涝、滑坡等灾害。强对流暴雨(图 3.3~3.5)历时短、强度强、范围小、突发性强,易形成山洪、泥石流、低洼地积水等灾害。2000 年 8 月 11 日晚,受对流云团影响,象山等地普降大暴雨,5 h 最大降雨量达 121 mm,2011 年 8 月 25 日,受局地强降水云团影响,慈溪市东北部地区出现了短时大暴雨和特大暴雨,16 时至 21 时,有 5 个乡镇的降水量超过 160 mm,其中观海卫镇 311 mm、新浦镇 250 mm。此外,还有二类能产生暴雨的天气系统是东风波和低压,其中东风波是从东面海上来的天气系统,往往发生在盛夏,类似于台风降雨,雨强大,但风不大,当降雨持续时间较长时,比如几个小时以上,往往会发生灾害,甚至灾难,典型的 1988 年 7 月 29 日夜里宁海突降特大暴雨(7.30 特大暴雨),500 mm 以上暴雨中心位于马岙、里家坑、黄坛一带(图 3.6),造成凫溪、黄坛溪、白溪三大溪流同时山洪暴发,引发特大洪水,给宁海县造成惨重损失(图 3.7)。

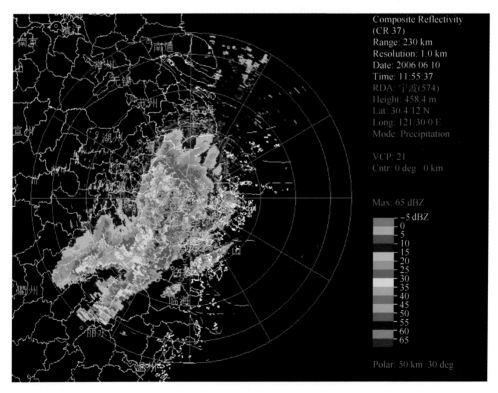

图 3.3　2006 年 6 月 10 日 11:55 时强对流(610 飑线)雷达回波图

图 3.4　2006 年 6 月 10 日强对流暴雨(610 飑线)引发山洪

图 3.5　2012 年 7 月 16 日特大暴雨洪水冲垮路基(左)和冲进屋图(右)

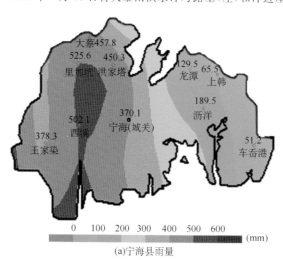

(a)宁海县雨量

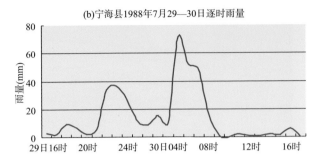

图 3.6　1988 年 7 月 29 日 16 时—30 日 20 时宁海县雨量(a)和逐时雨量(b)

图 3.7　1988 年 7 月 30 日宁海村庄被淹图

3.2　暴雨洪涝灾害特征量

根据宁波慈溪站、鄞州站及石浦站(有 24 h 人工观测的三个国家基本站)的历史降水资料,结合暴雨灾害特点对洪涝形成的影响,确定暴雨洪涝灾害的特征量主要有汛期雨量、暴雨日数、暴雨极值、暴雨强度和暴雨类型。

3.2.1　汛期雨量

宁波市暴雨主要发生在汛期(5—9 月),汛期降水量往往反映暴雨的总体特征。在每年的梅雨季和台风季,降水总量明显偏多,出现暴雨的日数往往较多,因而更容易引发洪涝灾害。

从慈溪站、鄞州站及石浦站汛期降水总量年代际平均值来看,起伏不大,其波动态势基本一致(图 3.8),各站一般在 673～865 mm。三站汛期降水量最多的是鄞州站 20 世纪 80 年代的 865 mm,其次是石浦站 20 世纪 80 年代的 828 mm,最后是慈溪站 20 世纪 90 年代的 775 mm,鄞州站和石浦站均于 20 世纪 80 年代达到汛期降水总量年代平均值的最大值,各站在 20 世纪 80 年代汛期降水总量较大。

分析慈溪站、鄞州站及石浦站逐年汛期降水总量变化,降水量在 199～1277 mm 之间变化,各站的逐年汛期降水总量呈波动性变化,起伏较大(图 3.9)。慈溪站和石浦站在 1989 年均达到历年汛期降水总量的最大值,分别为 1220.7、1276.8 mm,最小值为 1967 年的慈溪站 199.1 mm。鄞州站的汛期降水总量最大值出现在 1998 年,达 1163 mm,在 1967 年鄞州站和石浦站的汛期降水总量都达到最小值,分别为 398、323.1 mm。在 1966、1973 年及 1989 年三站均达到历年汛期降水量的极大值。

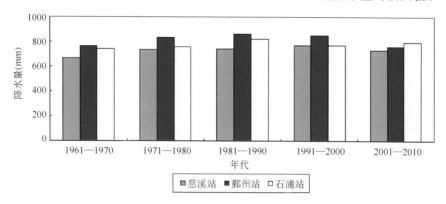

图 3.8 1961—2010 年慈溪站、鄞州站及石浦站汛期降水量年代平均值分布

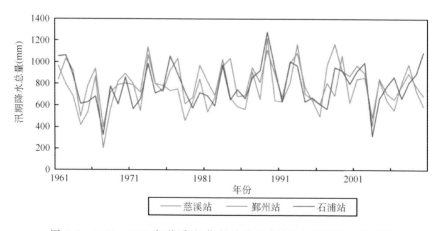

图 3.9 1961—2010 年慈溪站、鄞州站及石浦站逐年汛期降水量变化

3.2.2 暴雨日数

暴雨日数是洪涝致灾降水的频数指标。由 1961—2014 年汛期 5—9 月累计暴雨日数的月分布可见(图 3.10),慈溪站、鄞州站及石浦站的汛期(5—9 月)累计暴雨日数在 8～43 d,各站累计暴雨日数的月分布特征基本一致。慈溪站、鄞州站及石浦站累计暴雨日数的最大值均出现在 6 月,此时宁波正处于梅雨季,暴雨发生十分频繁,

出现的暴雨日数都在 35 d 以上。三站累计暴雨日数的最大值为 6 月的鄞州站，达
43 d，其次是石浦站，为 41 d，之后是慈溪站，为 37 d。三站在 5 月的累计暴雨日数最
少，其中鄞州站的累计暴雨日数仅有 8 d。7—9 月各站累计暴雨日数变化分别为：7
月为 17～33 d、8 月为 33～40 d、9 月为 36～42 d，呈现逐月增加的趋势。7—9 月累
计暴雨日数的最小值为 7 月的石浦站，为 17 d。

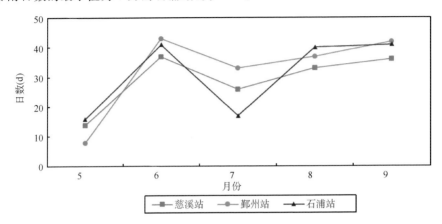

图 3.10　1961—2014 年慈溪站、鄞州站及石浦站累计暴雨日数的月分布

　　慈溪站、鄞州站及石浦站的多年年平均暴雨日数为 3.2～3.6 d，石浦站的年平
均暴雨日数最多，为 3.6 d，其次是鄞州站，为 3.4 d，最后是慈溪站，为 3.2 d（表
3.1）。鄞州站和石浦站均出现一次特大暴雨，鄞州站出现的累计暴雨天数最多，达
165 d。从年代上分析（图 3.11），慈溪站、鄞州站及石浦站在 20 世纪 90 年代的年平
均暴雨日数较高，石浦站 21 世纪初平均每年有 4.4 d 暴雨，为各站之最。各年代平均
暴雨日数在 20 世纪 70 年代较低，平均暴雨日数的最少值出现在 20 世纪 70 年代
的慈溪站，仅为 2 d。

表 3.1　1961—2014 年慈溪站、鄞州站及石浦站暴雨的基本特征

站点	多年(累积至 2014 年)天数(d)			年平均暴雨天数(d)	暴雨极值(mm)	平均暴雨强度(mm/d)
	暴雨	大暴雨	特大暴雨			
慈溪	152	22	0	3.2	192.3	72.90
鄞州	165	19	1	3.4	276	74.13
石浦	161	33	1	3.6	281.6	78.30

3.2.3　暴雨极值

　　将一年中暴雨日降水量的最大值称为暴雨极值，暴雨极值是洪涝致灾降水的强
度指标，分析暴雨极值更容易看出暴雨洪涝致涝的危险性。由 1961—2014 年的慈溪
站、鄞州站及石浦站暴雨极值的月分布特征（图 3.12）可知，暴雨极值的月分布在

93.8～281.6 mm,鄞州站及石浦站的极值分布曲线均呈"W"状,5 月、7 月及 9 月较大,6 月和 8 月较小,慈溪站的极值分布曲线呈"N"状,7 月和 9 月较大,5 月和 8 月较小。慈溪站和鄞州站的暴雨极值最大值均出现在 9 月,石浦站的暴雨极值最大值出现在 5 月,而 5 月和 9 月又分别是宁波每年的梅雨季和台风季,说明梅雨锋暴雨和台风暴雨是导致大暴雨和特大暴雨的主要原因。

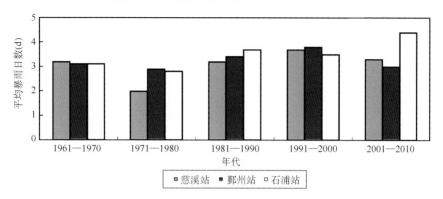

图 3.11　1961—2010 年慈溪站、鄞州站及石浦站各年代平均暴雨日数分布

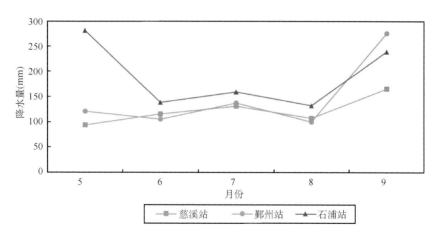

图 3.12　1961—2014 年慈溪站、鄞州站及石浦站暴雨极值的月分布

慈溪站、鄞州站及石浦站的日降水极值都在 41.9～281.6 mm,各站暴雨极值分布并没有明显趋势,石浦站较其他两站波动性较大,差异明显(图 3.13)。石浦站多年暴雨极值最大的为 1976 年 5 月 25 日的 281.6 mm,这是各站历年暴雨极值之最。慈溪站多年暴雨极值最大的为 2013 年 10 月 7 日的 192.3 mm,其次为 1963 年 9 月 12 日的 165.4 mm。鄞州站多年暴雨极值最大值出现时间与慈溪站一致,也为 2013 年 10 月 7 日的 276.0 mm,其次为 1963 年 9 月 13 日的 235.9 mm。石浦站在 1967 年达到历年日降水极值的最小值,为 41.9 mm,这也是各站历年日降水极值的最小值。从 1978 年至 1991 年石浦站的逐年日降水极值变化不大,在 63.4～123.5 mm

波动。慈溪站在 1972 年达到历年日降水极值的最小值，为 45.5 mm，相比较石浦站和鄞州站，慈溪站的逐年日降水极值波动不大。鄞州站在 1975 年达到历年日降水极值的最小值，为 46.5 mm，在 1963、1968、1990 年和 2013 年达到逐年日降水极值的极大值，其中 2013 年日降水极值变化异常，远高于其他两站的日降水极值，达到 276 mm。从 1968 年至 2011 年鄞州站的日降水极值变化相对平缓，在 46.5～126.8 mm 变化。

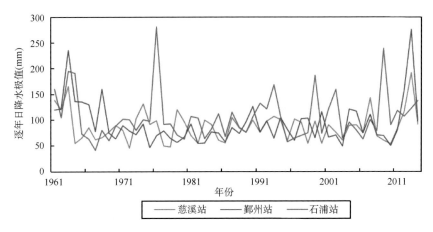

图 3.13　1961—2014 年慈溪站、鄞州站和石浦站逐年日降水极值的变化

3.2.4　暴雨强度

暴雨强度是暴雨降水总量与暴雨总日数的比值。1961—2014 年，慈溪站、鄞州站和石浦站 3 站的平均暴雨强度，最大值为 78.3 mm/d，最小值为 72.9 mm/d。从 1961—2014 年的慈溪站、鄞州站及石浦站暴雨强度的年分布特征（图 3.14）可以看出，暴雨强度在 50.9～147.1 mm/d。各站历年暴雨强度的最大值为 1963 年鄞州站的

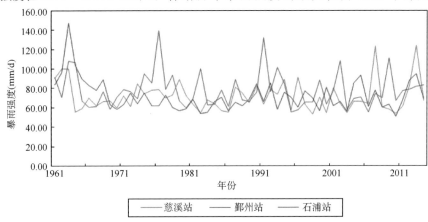

图 3.14　1961—2014 年慈溪站、鄞州站及石浦站暴雨强度的年际分布

147.1 mm/d,其次为 2013 年的慈溪站,达 124.3 mm/d,最小值为 1963 年鄞州站的
50.9 mm/d。各站暴雨强度年分布波动性较大,变化不一,石浦站较其他两站波动差异
更为明显。慈溪站多年暴雨强度最大值为 2013 年的 124.3 mm/d,最小值为 1998 年的
53.2 mm/d。石浦站在 1976、1991 年及 2009 年的暴雨强度均达到极大值,远高于慈溪
站和鄞州站,石浦站多年暴雨强度最大值为 1976 年的 139.6 mm/d,最小值为 1995 年
的 55.6 mm/d。

3.2.5 暴雨类型

根据 1961—2014 年暴雨洪涝灾情统计数据,从形成暴雨的特征将宁波的暴雨类
型划分为梅雨锋暴雨、强对流暴雨、台风暴雨、东风波暴雨和低压暴雨五类。其中台
风暴雨日数所占比例最多,为 36.84%,梅雨锋暴雨日数所占比例次之,为 33.34%,
而东风波暴雨日数所占比重最小,为 5.26%。此五类暴雨按照出现日数的百分比从
大到小依次为台风暴雨、梅雨锋暴雨、强对流暴雨、低压暴雨、东风波暴雨(图 3.15)。
由此可知,宁波地区暴雨主要发生在每年梅雨季(5—7 月)和台风季(7—9 月),暴雨
类型主要为台风暴雨和梅雨锋暴雨。

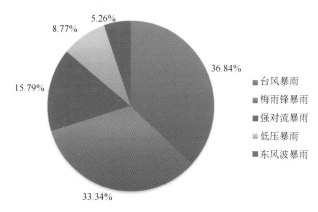

图 3.15　1961—2014 年宁波市不同暴雨类型的暴雨日数比例分布

从 1961—2014 年宁波市各地不同暴雨类型分布(图 3.16)可以看出,宁波市各
地发生的暴雨类型以台风暴雨为主,尤以宁海、北仑最为明显,均在 50% 以上,最小
的奉化 41%,余姚 28%。梅雨锋暴雨发生在余姚、镇海、奉化比例较大,分别达到
48%、45%、31%,北仑最小,仅有 13%。东风波暴雨影响相对较少,主要集中在宁
海、奉化、北仑及象山地区,尤以宁海最多,达到 8%。强对流暴雨除镇海以外,其他
地区多有发生,尤以北仑最多,达到 17%。低压暴雨在宁波市各地区都有出现,在慈
溪与北仑发生比较频繁,达到 14%,在余姚、宁海和奉化发生较少,仅为 7%～8%。
从区域特点分析,宁海、北仑出现台风暴雨的比例最高,达到 52%。镇海区出现梅雨
锋暴雨和台风暴雨的比例相当,均为 45%。相比于其他区域,奉化区与宁海县出现
东风波暴雨的比例较高,达到 7%。宁海县出现台风暴雨的概率较高,达到 52%,其

次为梅雨锋暴雨,达 24%,宁海县的其他暴雨类型分布相当,均为 8%。慈溪市、北仑区和象山县不同暴雨类型的暴雨日数比重差别不大,出现台风暴雨的比重在 45% 以上,北仑最多,为 52%。出现强对流暴雨的暴雨日数比重在 15% 左右,低压暴雨的比重在 11%~13%。慈溪市没有出现过东风波暴雨,北仑区出现东风波暴雨的比重在 4%。

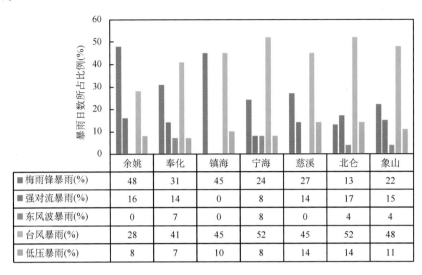

	余姚	奉化	镇海	宁海	慈溪	北仑	象山
■ 梅雨锋暴雨(%)	48	31	45	24	27	13	22
■ 强对流暴雨(%)	16	14	0	8	14	17	15
■ 东风波暴雨(%)	0	7	0	8	0	4	4
■ 台风暴雨(%)	28	41	45	52	45	52	48
■ 低压暴雨(%)	8	7	10	8	14	14	11

图 3.16　1983—2013 年宁波市各地不同暴雨类型的暴雨日数比例

第 4 章
气象与社会数据
及其空间化

　　随着经济社会的发展,对气象服务的要求也越来越高,要求精细化的程度越来越细,气象灾害风险的分析评估也需要精细化的结果,才能满足社会需求。气象灾害风险分析评估涉及灾害的致灾因子、孕灾环境、承灾体和防灾减灾能力等多方面,因此关于上述因子的精细化分析是必要要进行的。所谓精细化分析是指空间尺度小(如 1 km×1 km、500 m×500 m、100 m×100 m 等)、时间尺度小(如 1 d、6 h、3 h、1 h 等)的分析。气象灾害风险分析评估是一个气候学问题,气象灾害风险评估的精细化只需要空间的精细化,宁波市气象灾害风险区划精细化网格为 100 m×100 m。由于各类资料、数据、信息基本是按行政区域(如区、县、镇)给出的,要将这些信息分析到 100 m×100 m 的网格上去,就必须把气象灾害风险分析评估需要的所有资料、数据、信息用各自不同的方法计算到 100 m×100 m 的网格,即空间化技术。这样才可以把气象灾害的致灾因子、孕灾环境、承灾体和防灾减灾能力等在 100 m×100 m 的网格上进行分析,综合气象灾害风险评估和区划。

4.1　气象要素及其空间化

　　气候数据作为环境因子是气象、农业、林业、水利、生态环境建设等研究领域的基础,气候值的区域变化如降水量和气温的面分布等,是多种地学模型和气候学模型的主要参数。准确的气候信息空间分布理论上可由高密度站网采集,但气象测站空间分布不均(以县站为采集点),密度不足,因此,站点外区域气象数据通常由邻近测站的观测值以一定的数学方法估算,即气象要素空间插值。空间数据内插就是根据一组已知的离散数据或分区数据,按照某种数学关系推求出其他未知点或未知区域数据的数学过程。一般采用局部拟合的方法,即用邻近于未知点的少数已知样点的特征值来估算该未知点的特征值,只考虑内插区域的局部特性而不受其他区域的影响,如邻近法(泰森多边形法)、样条函数法(Spline)、空间自协方差最佳插值方法(Kriging)和反向距离权重法(Inverse Distance Weight,简称 IDW)等。在所有方法中,基于统计插值技术的 Kriging 法和薄盘光滑样条函数法(Thin Plate Smoothing Spline,简称 TPS)较为适用。澳大利亚科学家 Hutchinson 基于薄盘样条理论编写了针对气候数据曲面拟合的专用软件 ANUSPLIN。ANUSPLIN 基于薄盘样条函数理论,引入多个影响因子作为协变量进行气象要素空间插值,大大提高插值精度,且能同时进行多个表面的空间插值,对时间序列的气象要素更加适合。ANUSPLIN

软件已在国际上得到广泛应用。局部薄盘光滑样条（Partial thin plate smoothing splines）是对薄盘光滑样条原型的扩展，它除普通的样条自变量外允许引入线性协变量子模型，如温度和海拔之间、降水和海岸线的关系等。

局部薄盘光滑样条的理论统计模型公式如下：

$$z_i = f(x_i) + b^T y_i + e_i \qquad (i = 1, \cdots, N) \tag{4.1}$$

式中，z_i 是位于空间 i 点的因变量；x_i 为 d 维样条独立变量，$f(x_i)$ 是要估算的关于 x_i 的未知光滑函数；y_i 为 p 维独立协变量；b 为 y_i 的 p 维系数；e_i 为具有期望值为 0 且方差为 $w_i \sigma^2$ 的自变量随机误差，其中 w_i 是作为权重的已知局部相对变异系数，σ^2 为误差方差，在所有数据点上为常数，但通常未知。

由此可见，当式中缺少第二项，即协变量（$p = 0$）时，模型简化为薄盘光滑样条原型；当缺少第一项独立自变量时，模型变为多元线性回归（ANUSPLIN 中不允许这种情况出现）。事实上薄盘样条函数可以理解为广义的标准多变量线性回归模型，只不过其参数是用一个合适的非参数化光滑函数代替。

函数 $f(x_i)$ 和系数 b 通过最小二乘估计来确定：

$$\sum_{i=1}^{N} \left[\frac{z_i - f(x_i) - b^T y_i}{w_i} \right]^2 + \rho J_m(f) = \min$$

式中，$J_m(f)$ 是函数 $f(x_i)$ 的粗糙度测度函数，定义为函数 f 的 m 阶偏导（m 在 ANUSPLIN 中称为样条次数，也叫粗糙度次数）；ρ 是正的光滑参数，在数据保真度与曲面的粗糙度之间起平衡作用，通常由广义交叉验证 GCV（generalized cross validation）的最小化来确定，也可以用最大似然法 GML（Generalized max likelood）或期望真实平方误差 MSE（expected true square error）的最小化来确定。曲面拟合的结果使插值气候变量具有了在三个自变量的值已知时估计任一地点的气候长期平均值的能力。插值曲面含有大量参数，气候变量的插值估计可通过求解曲面参数获得，为此需要提供每个点的插值自变量估计，所建 DEM 数据被作为具有高程数值的经纬度规则栅格用于此目的。气候变量的规则栅格可以通过在每个栅格点求解插值曲面参数生成。ANUSPLIN 提供了 LAP-GRD 模块作为栅格估计的查询程序。由此把插值曲面参数文件和 DEM 结合在一起，生成各气候变量的栅格数据文件，用于检验和描述气候空间分布。ANUSPLIN 的插值结果提供了一系列统计参数，包括插值数据平均值、方差、标准差、拟合曲面参数的有效数量估计（Signal）、光顺参数（RHO）、GCV 和均方误差（MSE）的平方根。Signal 指示了拟合曲面的复杂程度，被用于判断曲面拟合的质量。RHO 非常小和 Signal 达到大（等）于节点数或者相反都预示着拟合过程找不到光顺参数的优化值，说明数据点可能过于稀疏。GCV 的平方根由输入数据误差和预计误差组成，MSE 的平方根是所有样点去除输入误差后的预计误差均方根的估计，相当于插值过程的真实误差。此外，统计结果还给出了具有大剩余误差的数据点序列，用以检验消除原始数据在位置和数值上的错误。

SPLINA 和 SPLINB 是 ANUSPLIN 的两个基本模块，功能基本一致。二者都是 Fortran90 程序,均利用局部薄盘样条函数根据已知点得到拟合表面,二者的区别主要在于对已知点数量多少的适用性,使用 SPLINA 时,用于拟合曲面的已知点一般不超过 2000 个,否则程序提示出错信息不予继续执行;SPLINB 可用于较多数据点(10000 个已知点),使用 SPLINB 之前需要先从已知数据点中利用特定程序(SELNOT)选择一定数量的结点(Knots),SPLINB 再利用这些结点数据得到拟合曲面;当已知点少于 2000 个时也可以使用 SPLINB,以节约计算时间和存储空间。SPLINA 和 SPLINB 可以输出提供统计分析、数据错误检测等多种信息的 5~6 种文件,其中生成的拟合表面系数存储于 .sur 文件中,误差协方差矩阵存储于 .cov 文件中,二者在后续程序中分别用于计算拟合表面值和其标准误差;其中 .sur 文件是后续程序(LAPGRD)中必需的过程文件。在使用 SPLINA 和 SPLINB 时,如果需要拟合的要素对象是非负值(如降水)时,则一般需要先对已知数据进行平方根转换再使用薄盘样条函数进行拟合,得到的结果将更可靠。LAPGRD 是 ANUSPLIN 的另一重要模块,它引入高程数据,根据 SPLINA 或 SPLINB 生成的拟合表面系数来得到每一格点上的预测值。SPLINA 或 SPLINB 产生的要素表面文件(.sur 文件)和误差表面文件(.cov 文件)都可以作为它的输入文件,前者是必选项,产生格点预测值;后者是可选项,可以得出预测标准误差。

4.2 自然地理要素及其空间化

4.2.1 河网密度空间化

在热带气旋(台风)、暴雨洪涝的孕灾环境分析中,河网水系的区域性分布特征是至关重要的影响因素,在很大程度上决定了评价区域遭受洪涝侵袭的难易程度。一般而言,暴雨天气会造成影响区的强降雨,降水在地表产生径流,汇集到附近河网后,又从上游流向下游,后全部流经流域出口断面,形成河网汇流。正常情况下,流域汇流比较稳定,流量变化不大,一般不会致灾;一旦降水过于急促且雨量大,在满足了植物截留、洼地蓄水和表层土壤储存后,后续降雨强度又超过下渗强度,地表径流与地下径流比例便逐渐加大,这种超渗雨沿坡面流动注入河槽,河网汇流加快,流量过程猛涨猛落,从而形成洪水,一旦洪水溢出河道,则成为灾害性洪涝。毫无疑问,距离河道愈近的地方,遭受洪水侵袭的可能性愈大,且洪水的冲击力越强,即洪涝危险性越大。当然,还要考虑河流级别的差异,干流较一级支流、一级支流较二级支流具有更强的影响力和影响范围。同时,河网密集程度更是不可或缺的重要因子,在河槽汇流超过河道及水库的蓄洪和排泄能力以后,水流就会向河道周边蔓延、泛滥,假若该地区河网密布且均发生漫堤现象时,就会形成严重且难以抵御的洪涝灾害。一般而言,河网密度的表达方式主要为单位格网内的河网水系长度,但是在洪涝灾害风险区划中,需要考虑河网缓冲范围以及不同河系等级的致灾效能。因此,在河网密度求算过程中给出了一个新的定义,即单位格网内不同河网等级的缓冲面积。

　　河网缓冲区:首先按照河网水系分布图的河流级别属性信息将宁波水系划分为干流、一级支流、二级支流以及湖泊水库,并根据不同的河网级别分配不同宽度的缓冲区。

　　河网缓冲区密度:众所周知,河网密度是流域地理和水文结构特征的一个重要指标,是单位面积内河网的总长度。这种表达方式是将河网作为线状图层考虑,不考虑河流级别,河道宽度以及洪水漫堤后的致灾范围。在考虑河流级别的基础上为河网划分不同宽度的缓冲范围,以此来反映洪水致灾时的影响范围,并借鉴河网密度的求算方法,河网缓冲区密度是计算单位格网内不同级别河流缓冲区范围的总面积,以期表达以单位格网为研究对象。

　　河网密度与地形叠加:毫无疑问,河网密度越高,单元格网内发生洪涝的可能性越大,反之亦然。地形与洪涝的关系同样密切,利用 GIS 的空间分析功能对宁波河网分布区域进行地形和河网密度因子叠加运算,得到河网水系分布图。即河网密度越高,地形海拔高度越低,则意味着遭受洪涝危害的可能性越大,敏感性越高带气旋及暴雨洪涝危险性分析。

4.2.2　宁波市森林覆盖空间化

　　无论是台风还是暴雨洪涝,森林覆盖密度越高,孕灾作用越弱,反之,孕灾作用越明显。考虑到植被覆盖密度在台风孕灾环境中的重要性,为了定量地表达这一孕灾环境因子,引用森林覆盖率的概念,即单位面积格网内的森林覆盖面积。

$$D = \frac{L}{A} = \frac{nl}{na} = \frac{l}{a} \tag{4.2}$$

式中,D 表示森林覆盖率;n 为格网个数;L 表示森林覆盖总面积;A 表示格网总面积,a 和 l 分别表示单位格网面积及单位格网森林覆盖面积。

4.2.3　宁波市地形起伏及坡度空间化

　　地形起伏度(relief amplitude)和坡度(slope)是地貌学中描述地貌形态的两个重要参数,也是与洪涝灾害密切相关的地形指标。坡度一般指坡面的铅直高度和水平宽度比值的反正切值,有坡度和坡度百分比两种表达方式。坡度是坡面水平面与地表面之间的夹角,而坡度百分比则是坡面高程增量与水平增量之比的百分数。坡度是基于 DEM 数据利用 ArcGIS 提取的坡度值。地形起伏度,也称为地势起伏度,反映地表起伏变化,常用某一确定面积内高点和低点海拔高度之差来表示(涂汉明 等,1991;陈志明,1993),其实质仍是坡度概念的一个延伸,一般认为,地形对形成洪水的影响主要表现在两个方面:地形高程及地形变化程度,地形高程越低,地形变化越小,越容易发生洪水(周成虎 等,2000)。地形变化通常用坡度来表征,而实际上影响洪水危险程度大小的是相邻范围地形起伏大小,故采用高程相对标准差来取代坡度。地形标准差越小,表明该处附近地形变化也越小,越容易形成洪水。坡度的主要提取过程为:选择 Spatial Analyst/Surface Analyst/Slope,打开 Slope 对话框,在 Input surface 内选择宁波 DEM 影像,Output measurement 有两种表达方式,即坡度(Degree)和坡度百分比(Percent),在此我们选择常用的 Degree(坡度),Z factor 同样为高程变换系数。采用计算栅格周围 5×5 邻域内 25 个栅格高程的标准差作为表征该地地形变化程度的定量指标。利用 Spatial Analyst/Neighborhood Statistics,在 Neighborhood Statistics 对话框中将 Statistics type 设置为 Standard Deviation(标准差),Neighborhood 内设置 Rectangle(矩形),即邻域范围为长宽 5×5 的格网单元。Unites 为选择邻域分析窗口的单元,cell 是栅格单元,map 为地图单位,在此选择栅格像元 cell 用于高程标准差分析。

4.3 社会统计数据空间化

4.3.1 社会统计数据空间化介绍

社会统计数据如人口,GDP 等社会经济数据也称统计资料,是统计部门或单位以行政区划如省、县、乡等为单元进行统计工作所搜集、整理、编制的各种反映该行政区内的社会、经济等特征属性的统计数据资料的总称。社会统计数据是反映一个国家社会与发展状况的重要指标之一,更是中央政府、国家行业主管部门科学有效地制定法规政策,进行决策和宏观调控管理的重要依据,数据统计还是政府进行宏观经济管理的必要手段和重要职能。目前,随着 3S 技术的成熟与运用,人们普遍遇到一个难题:传统方法提供的社会统计数据定位不准确、单元不统一、空间分辨率低,造成了社会统计数据与自然生态数据的叠置分析比较困难。为了解决这个问题,急需建立一个高分辨率的基础地理单元,将社会统计数据与自然生态数据共同转化到这个统一的基础地理单元,即社会统计数据的空间化问题。社会统计数据的空间化是指将以行政区域为单元的社会统计数据按照一定的原则,采用某种技术手段合理地分配到一定尺寸的规则地理格网上的过程,以便与自然生态数据交叉使用,实现强大的空间分析功能。"空间数据社会化""社会数据空间化"(socializing the pixel and pixelizing the social)是当前地理科学、社会科学共同关注的焦点之一。

社会统计数据空间化的方法有多种,目前比较成熟的方法可以概括为两种类型:统计模型法和面插值方法,具体有:社会统计数据空间化的方法主要有面积内插法、插值法(IDW 插值、样条曲线插值、Kriging 插值等)、多数据融合法等。

(1)面积权重内插法

假设人口在源数据区域内是均匀分布的,具体步骤包括:①在源数据区域上叠加目标数据区域;②确定每个源数据区域落在目标区域的比例;③根据面积比例分配人口数。公式如下:

$$P_t = \sum_s P_s \left(A_{st} / \sum_t A_{st} \right) \qquad (4.3)$$

式中 P_s 是源区域的人口值，P_t 是目标区域的人口值，A_{st} 是源区域和目标区域叠加后的面积。这种方法简单，所需要的数据少，缺点是误差相对较大，而且无法对人口分布的细部进行描述。

（2）统计内插法

这种方法把统计或数学模型用于面积内插，通过样品观测值得到一个覆盖整个区域的通用函数，然后将这个公式应用到研究区的每个个体上。通常把土地利用单元作为目标区域，假设人口在土地利用单元上是均匀分布的。利用源区域的人口数，根据上式进行回归计算，获得目标区域的人口密度，然后再计算目标区域的人口数：

$$P_s = \sum_s C_t A_{st} \qquad (4.4)$$

式中，P_s 是源区域的人口数，C_t 是目标区域的人口密度，A_{st} 是源区域和目标区域叠加后的面积。如果考虑误差，上述回归模型可表述为：

$$P_s = C_1 A_{s1} + C_2 A_{s2} + \cdots + C_t A_{st} + \varepsilon \qquad (4.5)$$

这种算法尽管在回归计算中会丢失部分原始信息，但可以把原始的人口数据和辅助信息结合起来，在分析过程中，用随机的概念处理面积内插的不确定性问题。

（3）基于表面模型的面积内插法

表面模型法（surface modeling）假设高分辨率的规则格网上人口均匀分布，结合区域内的辅助信息，采用各种内插方法（如克吕格、傅里叶分析、多项式趋势面分析、反距离权重法、接近分析、B 样条等）对源数据进行内插。生成规则栅格，获得格网上的人口分布后，目标区域所有格网人口数进行统计，实现面积内插法。这种方法在获取人口数据时，不同的内插方法可能导致结果有较大差别，但它的优点也很明显：①数据被记录在高分辨率和规则栅格上，更容易进行任何需要区域的人口汇总；②有利于与其他栅格数据（遥感数据、高程数据）兼容，更好地进行环境和社会数据的综合分析；③能更好地反映区域内人口分布是不均匀性和人口分布变化的重要信息。在充分考虑到各种社会统计数据与各环境影响因子很好的相关性特征，以遥感解译的土地利用分布图为辅助信息，结合统计模型和表面模型的优点，采用复合面积内插获取诸如人口、经济等社会统计数据的空间分布。

4.3.2 宁波市人口空间化方法

人口的空间分布是指一定时点上人口在各地区的分布状况，是人口过程在空间的表现形式（胡焕庸，1983）。人口的空间分布是一种社会经济现象，既受自然因素的制约，又受社会经济规律支配。传统的人口数据主要来源于人口普查，而且以行政区划为基本单元的统计数据集，在实际应用时存在数据空间分辨率低、不准确以及更新周期长等问题。尤其在灾害风险区划过程中，人口的实际分布状况为非均匀分布,即在行政区划范围内存在着人口密度的空间差异性,并受行政属地内的土地利用类型的不同而有所差别。因此,作为承灾环境中的重要的影响因素——人口密度的空间化处理就变得必不可少。在人口密度空间化的处理过程中,除了需要覆盖宁波全境的1:25万数字高程模型(DEM),2006年美国陆地卫星专题制图仪(Landsat TM)数据人工解译的1:10万土地利用分布图,还有2009年的宁波各区县市的统计年鉴。由于以行政单元统计的人口数据主要以面状形式实现,缺少居民点数据,从而在进行人口信息提取过程中,常常需要用到辅助信息,例如,环境信息、气候、地形、土地利用等。考虑到宁波地处江南水乡,雨水丰富、气候宜人,从气候特征而言,全区均适宜居住。因此,不存在人口随区域气候异常而形成的明显差异,也没有像西北干旱区那样的人口随水源聚居的局地性特征。但是宁波山地丘陵众多,地形复杂,局部地区存在明显的地势差异,而且宁波具有优良的原始森林覆盖,旅游资源丰富,也引发了旅游流动人口的季节性集中,这些自然资源差异对人口的空间分布都有较大影响。因此,在人口空间化过程,根据宁波人口空间分布的关联状况,选择海拔高程、城镇用地、交通、农村用地、地形坡度、林地、耕地以及草地、湖泊等土地利用类型作为人口空间化的影响因子。

(1)分区统计模型建立

将宁波境内各个区县(市)所有乡镇的人口数密度(P_s)和各乡镇的土地利用面积及地形(耕地面积 A_{s1},城镇用地面积 A_{s2},农村用地面积 A_{s3},林地面积 A_{s4},草地面积 A_{s5},平均海拔高程 A_{s6},平均地形坡度 A_{s7},水域面积 A_{s8}),按照下式进行逐步回归运算:

$$P_s = C_1A_{s1} + C_2A_{s2} + C_3A_{s3} + C_4A_{s4} + C_5A_{s5} + C_6A_{s6} + \\ C_7A_{s7} + C_8A_{s8} + C_tA_{st} + \varepsilon \tag{4.6}$$

式中,$C_1,C_2,C_3,C_4,C_5,C_6,C_7,C_8$ 为回归系数,ε 为误差。

由于宁波各区县(市)经济社会发展程度不同,以及各区县市地形的复杂性特征,人口密度分布存在明显的区域性差异,宁波东北部平原区的人口空间差异主要受土地利用类型影响,尤其是城镇用地和农村用地,而人口与地形的相关性并不强。对于宁波中部的山地丘陵地区,人口的空间化除了与土地利用关联性较大以外,受地形影响比较明显。而地处西南山区的地区,其人口不仅受地形、城镇用地、农村用地影响,甚至在耕地覆盖周围也有相对密集的人口分布。因此,考虑到各地区人口空间分布对不同环境因素的敏感性程度,我们通过分区建模的方式,将宁波市的人口分布划分为3个区域,并根据各区域的典型环境因子分别建立相应的回归统计模型。

(2)人口潜力计算

人口潜力不同于承载力研究中的人口承载力,它是计算区域内各种要素(如土地利用)的位置和大小对某点的影响或通达性。在计算格网人口潜力时,假设它与土地利用的面积成正比,与土地利用中心点的距离成反比,采用GIS中的反距离权重内插法(IDW),根据各种土地类型的面积,以它们多边形的中心点进行内插,获得每个格网的人口潜力矩阵 V_{ij},格网大小定义为 100 m×100 m。

宁波的格网人口潜力分布,其主要求算过程为:

①按照求算河网密度时百米网格的绘制方法,首先建立覆盖宁波全境的 100 m×100 m 网格图,并将此计算作为格网人口潜力时的信息单元地图。

②从更新后的土地利用图幅中按地物类型的不同逐个提取,并分别形成独立的土地类型图层。首先以城镇用地为例逐个计算各网格的人口潜力,宁波城区的城镇用地类型,且该种土地类型由多块 polygon 区域拼合而成,其中高亮显示的为城镇用地中的第 n 块 polygon 图块,代表其中某一块城镇用地的区域范围。然后,利用 Arctool box/Data Management Tool/Features/Polygon to point 工具计算各城镇地块的中心点,黄色点状图层即为各城镇地块的几何中心点位,用于计算该中心点与各网格的距离后,利用 ArcGIS 中的地统计分析工具 Geostatistical analyst/Geostatistical Wizard 对话框中的反距离权重内插法(IDW),并结合逐块城镇地块的面积,以它们多边形的中心点进行内插,获得每个网格的人口潜力值。其中反距离权(IDW,Inverse Distance Weighted)插值法是基于相近相似的原理,以插值点与样本点间的距离为权重进行加权平均,离插值点越近的样本点赋予的权重越大。类似的,运用上述方法再逐个获得其他土地利用类型的地块中心点,并利用 IDW 内插方法求算各格网的人口潜力值。

(3)人口信息获取

获得宁波基于网格的人口潜力分布后,将每个格网的潜力矩阵值代入,获得每个格网的人口数,对市内所有网格进行统计获得其人口空间分布。根据人口回归计算,得到回归方程。利用回归方程和网格的人口潜力,获得人口分布的网格数据。

4.3.3　GDP 空间化

在构建 GDP 空间化模型时,将宁波市所有乡镇(街道)的单位面积的工农业产值(P_y)和各乡镇的土地利用面积及地形(耕地面积 A_{s1},城镇用地面积 A_{s2},农村用地面积 A_{s3},林地面积 A_{s4},草地面积 A_{s5},平均海拔高程 A_{s6},水域面积 A_{s7})进行回归运算,获得单位工农业产值的空间化回归模型,然后利用网格化处理后的各类土地利用图层进行栅格化处理,后进行空间叠加运算,从而终获得单位面积工农业产值的空间化分布图,基本方法与人口空间化类似。

4.3.4　道路密度空间

(1)道路缓冲区

首先从宁波市土地利用信息中提取道路图层,并按照不同的道路级别和道路类型给予分类,例如高速公路、国道、省道、乡村道路。结合《全国农村公路基础数据和电子地图更新方案》中对高速公路、国道、省道以及乡村道路路基宽度的描述对各级别道路设定缓冲范围。例如,高速公路、一级公路的路基宽度一般应大于等于 20 m 小于等于 45 m;二级、三级、四级公路的路基宽度一般应大于等于 12 m 小于等于 45 m。然后利用 ARCGIS 中 Buffer wizard 来实现道路缓冲区的设置。选择 Tools 菜单下的 Customize 命令,在 commands 标签下加载 Buffer wizard,在 at a specified distance 选项中设置相应的缓冲范围。

(2)格网设定

根据宁波矢量边界图的覆盖范围划分成具有 100 m×100 m 的格网单元图层。

(3)道路缓冲区密度

类似河网密度的表述,道路密度定义为是单位面积内道路的总长度。这种表达方式是将道路信息作为线状图层考虑,不考虑道路级别,道路宽度以及各种地质灾害所能影响到的道路范围。在考虑道路级别的基础上为各级别道路划分相应的缓冲范围,并借鉴河网密度的求算方法,道路缓冲区密度是计算单位格网内不同级别道路缓冲区范围的总面积。

第 5 章
热带气旋(台风)与暴雨
灾害风险评估

5.1 热带气旋(台风)与暴雨灾害风险评估技术流程

对于热带气旋(台风)灾害风险区划及相应防灾标准的研究,各国尚无公认的经验。丁燕等(2002)从致灾因子危险性及承灾体易损性角度,通过概率风险求算对广东省的热带气旋(台风)灾害风险进行评估,陈香(2008)以福建省为例,构建了热带气旋(台风)灾害致灾因子、承灾体评价指标体系与模型,并编制了基于行政边界的热带气旋(台风)灾害风险区划图。目前灾害风险区划的技术和模型大致可以归为灾情统计模型,概率分布模型以及简单因子叠加模型,一般仅从致灾因子、孕灾环境及承灾体方面分析,尚缺少对防灾能力的考虑,承灾体特征也较为不明确;风险评价对象又多以行政区域为主,致使热带气旋(台风)灾害形成和扩展的机理性条件被行政割裂,且风险评价的精细化程度不够,既增加了防台救灾投入的社会成本和不确定性,又人为地限制了各行政区域间的合作联动效率,从而产生所谓的"防灾死角",不利于灾害防御规划的设计和防灾救灾工作的开展。热带气旋(台风)灾害风险具有多元性及模糊性的特点,它受致灾因子、孕灾环境、承灾体等众多因素影响,而对于多因素的地理信息、遥感信息以及统计信息本身就存在多重性、复杂性、不确定性、不精确性,从机理上定量分析热带气旋(台风)灾害的成因及各影响因素间的交互作用现阶段的确较难实现,通过灾害系统理论构建热带气旋(台风)灾害量化模型仍需深入研究。因此,根据影响热带气旋(台风)灾害的发生、发展机制及致灾后果,分析区域热带气旋(台风)灾害风险状况并编制热带气旋(台风)灾害风险评估,对区域经济持续发展及热带气旋(台风)防御规划设计具有重要现实意义,也是区域防灾减灾工作的当务之急。热带气旋(台风)完全准确预报目前还有一定困难,阻止热带气旋(台风)的发生目前更不现实,若采用有效的灾害管理战略,则可避免或减轻其带来的巨大损失。而地理信息科学具有强大的空间数据管理和空间分析功能,在提高灾情信息管理、分析、输出及制订有效决策方面为救援机构提供切实的技术支持。着眼于热带气旋(台风)灾害的成因机制与扩散特征,从致灾因子的危险性、孕灾环境的敏感性、承灾体的易损性和防灾能力四个方面出发,选择与热带气旋(台风)和暴雨洪涝灾害关联度较大的风险评价指标,基于GIS技术进行多源、海量栅格数据分析并构建模糊综合评价模型,以100 m×100 m栅格为基本评价单元,定量表达宁波市热带气旋(台风)灾害风险的空间分布格局,以期为差别化的区域热带气旋(台风)和暴雨洪涝灾害防御提供一定的科学依据。

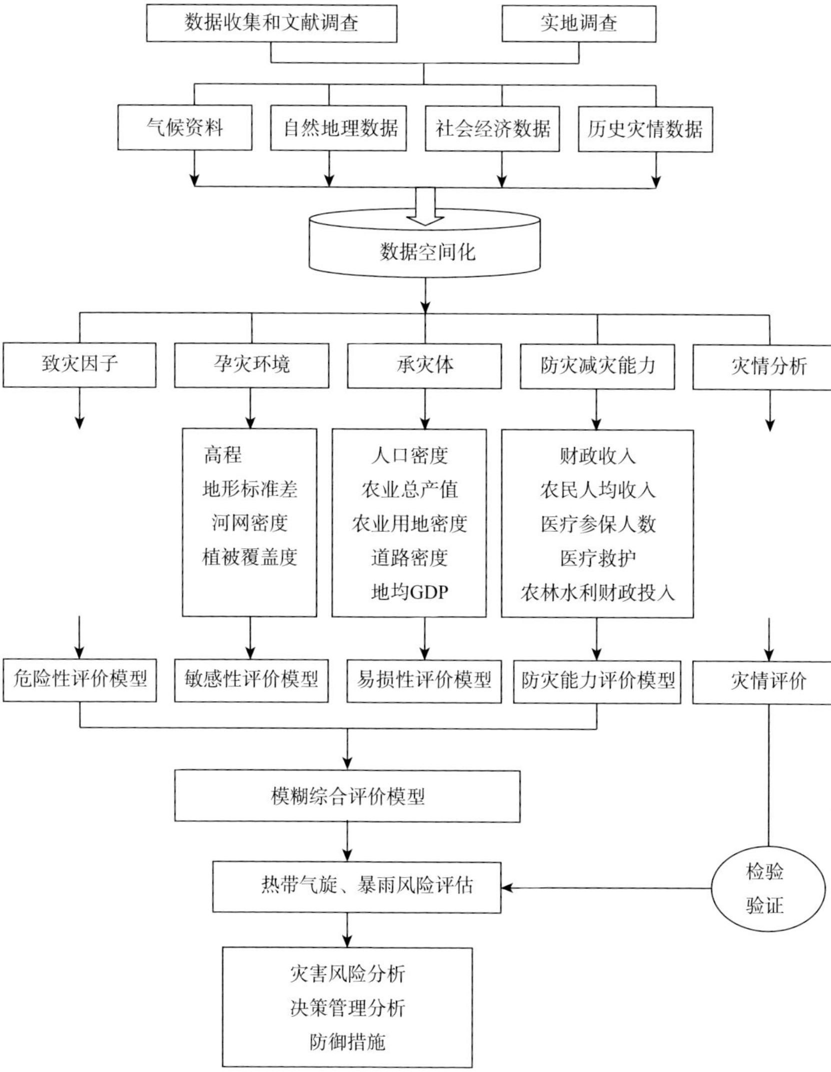

图 5.1 热带气旋(台风)与暴雨灾害风险评估技术流程

5.2 孕灾环境脆弱性评价

　　孕灾环境是指产生灾害的自然环境和人类环境,是区域环境演变时空分异对自然灾害空间分异程度的贡献(史培军,1996)。就台风灾害而言,孕灾环境是指台风灾害现场的局地自然环境和人类环境对台风灾害形成和发展的贡献程度。从广义角度来看,孕灾环境稳定程度是标定区域孕灾环境的定量指标,孕灾环境对气象灾害系统的复杂程度、强度、灾情程度以及灾害系统的群聚与群发特征起决定性作用。例如在同等的台风暴雨条件下,地势低洼、起伏平缓、河网密布的地区就容易发生洪涝和渍灾;反之,峰峦叠嶂、沟壑林立、地质条件松软的山地丘陵地带,虽不易产生洪涝,但发生滑坡、泥石流等次生灾害的概率较大。同样的,随着人类对环境破坏的日益加剧,人类环境在孕灾环境差异性中的作用也越加明显,例如坡地上不合理地开荒造田、乱砍滥伐,工程施工中大面积的开挖斜坡等会增大地质灾害发生的可能。孕灾环境脆弱性评价是台风灾害综合风险区划中较为重要的一部分。由于不同性质的热带气旋(台风)致灾因子产生于不同条件的孕灾环境系统,因此研究不同的热带气旋(台风)灾害需要通过对不同的孕灾环境进行分析,根据灾害类型、致灾强度、致灾频率选择合适的孕灾环境因子,并建立合理优化的指标组合和权重,利用环境演变趋势和敏感性试验来评价其对热带气旋(台风)综合风险的响应关系。例如,热带气旋(台风)暴雨容易引发洪涝灾害,其孕灾环境特点为地势平坦、河网密布的平原区,而热带风暴(台风)大风主要为物理破坏为主,其典型孕灾环境为高海拔山地丘陵以及滨海沿海区。因此,研究在台风致灾因子[热带气旋(台风)大风、热带气旋(台风)暴雨]作用下,发生洪涝、滑坡、山洪、泥石流等衍生灾害的由自然环境和社会环境所构成的孕灾环境,以及孕灾环境在空间上的差异性和规律性。主要影响因素包括:地形高程、地形起伏度、地形坡度、河网密度、植被覆盖度、地质灾害分布等。

5.2.1 海拔高度

宁波简称"甬",地势西南高、东北低,自西南向东北方向倾斜入海。西南浙东低山丘陵区,有西南—东北走向的四明山脉,发源于天台,分布于余姚、奉化、鄞州。天台山支脉,由宁海西南入境,经象山港展延成南部诸山。东北部和中部为宁绍冲积平原的甬江流域平原,地势平坦,河流纵横。市区海拔 4~5.8 m,中心区的平均海拔高度为 4.2 m,郊区海拔为 3.6~4 m,西部山区平均海拔 100~300 m,最高 996 m,地貌分为山地、丘陵、台地、谷(盆)地和平原。

地形海拔高度(图 5.2)与热带气旋(台风)洪涝的关系也是密不可分的。正所谓"水往低处流",地表径流受重力作用,容易向低洼地区汇集,并在汇集过程中水流有效位能会向动能转化,从而使水流加速流动。广大山岭与平原交界处是涝灾多发区,在山区,坡陡流速大,一至平原,坡度突减,流速骤然变小,泥沙大量沉积,使山区和平原交界处河道壅塞,故经常发生洪涝灾害。因此地势较低比地势较高的地区更容易遭受台风洪涝的侵袭,即绝对高程越低的地方,洪涝危险性越大。尤其是陡坡底部低洼地,海拔较低的河口,海滩、人工堤坝区域等。

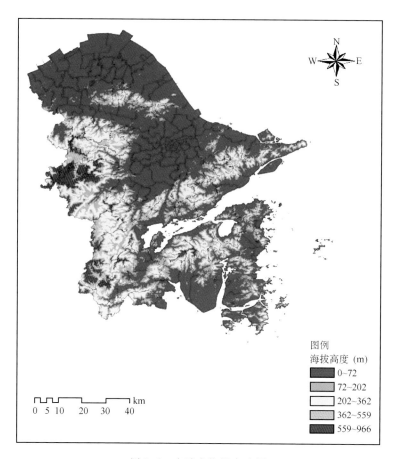

图 5.2 宁波市海拔高度图

5.2.2 水体分布

宁波是浙江省八大水系所在地之一,河流有余姚江、奉化江、甬江,余姚江发源于上虞区梁湖;奉化江发源于奉化市斑竹。余姚江、奉化江在市区"三江口"汇成甬江,流向东北,经招宝山入东海,同时,境内众多大中型水库、湖泊等水体(图 5.3)。

热带气旋(台风)洪涝灾害危险程度同时受流域形态特征影响。例如河网形状和分布、各河渠之间的连通性和方向性等,反映了流域地形切割程度、流域受洪灾能力强弱,影响了产流和汇流的过程,同时不合理的人为活动对河湖调节洪水的能力也影响较大。围湖造田直接减少了湖泊的调洪面积和容量,导致江河来水无地可蓄,同样流量的水量则造成比以往更高的水位。河床是洪水行洪的通道,在河床上修筑行洪障碍物、种植高秆作物或堆积渣土,与河床争地,必将缩小行洪断面,致使洪水难以排泄而泛滥成灾,洪水的危险性也会大大增加,因此以上影响因素在有条件的情况下应给予考虑。

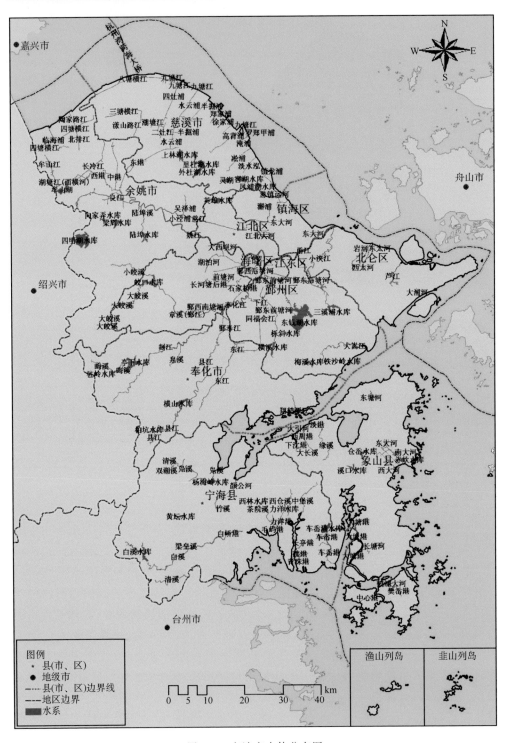

图 5.3　宁波市水体分布图

5.2.3　林地分布

热带气旋(台风)暴雨是热带气旋(台风)致灾的主要表现形式,热带气旋(台风)暴雨常引起山洪暴发、山体滑坡、泥石流等次生灾害,该种灾害形式不仅受热带气旋(台风)降水强度及降水持续时间影响,还与当地的地表覆盖类型、土壤土质,以及森林覆盖程度紧密相关。有研究表明,森林植被对陆地生态系统和水文循环有着重要的调节作用,可促进降雨再分配、影响土壤水分运动、改变产汇流条件,进而在一定程度上起到削洪减洪、控制土壤侵蚀、改善流域水质的作用(张志强 等,2001)。同样一次热带气旋(台风)强降水过程,降落在高密度森林覆盖区和降落在裸露地表上,所产生的致灾效力是迥然不同的。这一过程包括:当森林生态系统全部被雨水湿润后,降雨将进入地表枯枝落叶层,良好森林生态系统的林下枯枝落叶层一般可达 8~10 cm,这一层的雨水截留率一般可达 5%~10%,最大蓄水能力可达 20~30 mm,因此良好的森林生态系统下的自然土壤具有很高的储水能力。当然蓄水能力的高低还与当地土壤层厚度、有机质、质地、孔隙度等性质有关。另外,高密度森林覆盖与强降水造成的次生地质灾害也具有显著关系,例如坡体植被根系能够固结土壤,防止坡面侵蚀,加固斜坡和陡坡,从而显著加强岩土体的力学强度,这种加固效应能够增强地表土层的稳定性,并减少滑坡、泥石流和山洪的发生。

同样地,热带气旋(台风)的大风也会受到森林覆盖密度的影响。众所周知,热带气旋(台风)大风具有极强的物理破坏作用,受地形和下垫面粗糙度影响,在开阔的平原区、高海拔山区以及大范围水域,甚至裸露地表面都会有较大风速产生。已有的研究表明下垫面空气动力学粗糙度与植被特征和近地表大气层结关系紧密(夏建新 等,2007),而对于粗糙下垫面的高密度植被覆盖区,这两种因素兼有影响,其一热带气旋(台风)大风在行进过程中,高密度植被覆盖的下垫面已不再平滑,摩擦阻力增大,其二在森林植被覆盖区,近地表大气边界层的范围一般就以植被高度为界限,即热带气旋(台风)大风在植被高度上界便有明显减弱的趋势。

宁波市森林覆盖率(图 5.4)超过 50%,主要分布在中部及西南部山地丘陵地带,唯有宁波东北部城区森林覆盖密度相对较低,主要原因在于考虑对森林界定以及对孕灾环境的贡献能力,并没有将各县市城区的道路林木、观赏林木以及人工草地考虑在内。

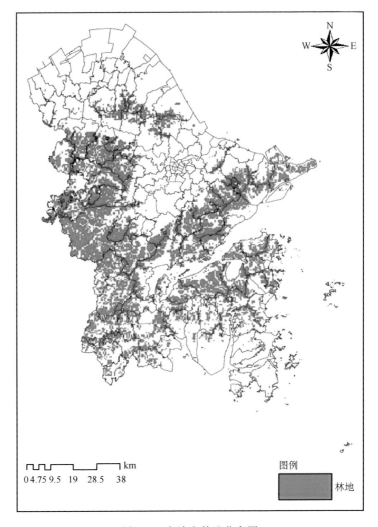

图5.4　宁波市林地分布图

5.3　承灾体易损性评价

　　承灾体就是各种致灾因子作用的对象,是人类及其活动所在的社会与各种资源的集合。承灾体的易损性评价是在对承灾体分类的基础上进行易损等级的划分过程,目的是为区域制定资源开发与减灾规划,防灾抗灾工程建设提供依据。

　　一般而言,承灾体的划分体系主要有两大类,即人类、财产与自然资源。人类在台风灾害中的重要性不言而喻,甚至有部分学者认为,没有人类受到影响的自然灾害过程不能称之为灾害,因此,在灾害风险区划过程中,必须充分考虑热带气旋(台风)灾害对人类社会及人类活动的影响程度,包括人口密度、年龄分布、性别差异以及学历层次和劳力条件等。

其次,财产也是热带气旋(台风)灾害承灾区划中的重点考虑对象。从广度上说,财产可分为经济社会发展和物质财产,由于热带气旋(台风)灾害具有破坏能力强、影响范围广、持续时间长等特点,对宁波而言,一次热带气旋(台风)灾害会造成百万、千万、上亿、几十亿甚至几百亿元的直接经济损失,况且热带气旋(台风)期间的工商业停滞、救灾物资投入以及其他次生灾害的延续等严重影响了经济社会发展,并给人民生命财产造成巨大的威胁。另外从财产类型上可分为动产和不动产,不动产主要包括各种土地利用(如房屋、道路、农田、牧场、水域、森林等)和自然资源(矿产、土地资源、生物资源等)(史培军,1996),动产包括如运输中的货物、各种交通工具等。在热带气旋(台风)灾害风险易损性评估中,区域经济发展程度、社会财产的空间分布状况具有重要的指示作用。

由于承灾体的动态变化对自然致灾因子导致的区域灾情变化会有绝对影响作用,这也被大量的区域灾害案例所解释。由此可以认为,承灾体的分类、承灾体脆弱性(易损性)评估以及承灾体动态变化监测,为区域制定资源开发与减灾规划,防灾抗灾工程建设提供了科学的依据。

根据宁波历次热带气旋(台风)灾损类型与热带气旋(台风)因子的关联度分析,选择能够基本反映区域灾损敏度的人口密度、耕地密度、地均 GDP 以及道路密度因子作为易损性评价因素。一般人口密度大、产业活动频繁、耕地分布集中、道路分布密集的区域易损性等级也较高。

目前,承灾体易损性分析一般以行政单元为基础,从而可直接利用各类统计报表与年鉴数据。首先这种统计方法往往造成承灾体分布和其他数据所依附的空间单元尺度不同,使得数据间融合成为难题,其次对于承灾体的空间分布特征而言,将其在行政区范围内当作均匀分布来处理,显然与实际情况不相符合,同时也给御灾保障和防灾投入造成了不必要的资源浪费。因此承灾体空间化是解决这些问题的有效手段,对于灾害风险评价研究具有重要价值。

自从 1929 年芬兰地理学家 Graneau 采用 1 km 格网来分析自然与社会现象以来,格网的概念已经发展成为一种地学方法。20 世纪五六十年代为满足日本城市化进程,乡镇及中小型城市区域管理需要,日本开始发展地理格网统计,并于 1973 年正式颁布了"统计用标准格网及标准格网代码",实现了格网编制的标准化,成为日本工业标准(JIS)。如今,格网化空间分析技术已经在洪水数值模拟、资源环境评价、灾害风险评价等各方面得到了广泛的应用,同时也为精细化评价提供了技术平台。应用该种评价方法对影响承灾环境的人口密度、耕地密度、GDP 空间分布以及道路密度等易损性评价因素进行空间化处理,以期得到更为精细的承灾环境易损性评价结果。

5.3.1 人口密度

人口密度是表现人口分布和衡量人口分布地区差异的主要指标。宁波市的人口密度(图5.5)由1990年的每平方千米543人增加到2000年的636人,人口密度最大的是老海曙区,郊县(市)以慈溪市人口密度最高,每平方千米达到了1000人左右。这些地区也是各县市城镇中心区域,主要以城镇土地利用类型为主,且平均海拔高度较低。乡镇人口分布已将全镇人口数据均匀化,而空间化后的人口分布凸显出乡镇区域内的空间人口差异性,并因此而将人口分布精细化。

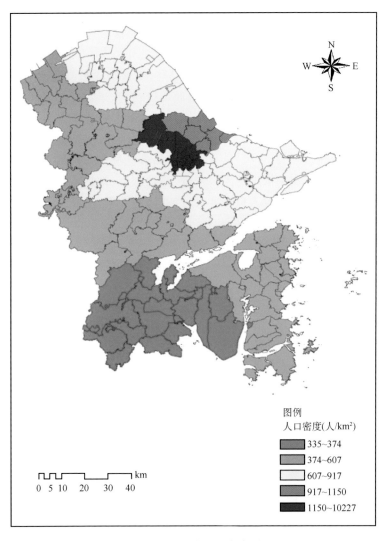

图例
人口密度(人/km²)

■ 335~374
■ 374~607
□ 607~917
■ 917~1150
■ 1150~10227

图5.5 宁波市人口密度图

5.3.2　农业总产值

国内生产总值是从生产角度计算各部门(包括第一、第二和第三产业)增加值之和。其行业构成主要为：第一产业(农业)，包括农(农作物栽培)、林、牧、渔业；第二产业，包括工业和建筑业；第三产业，除一、二产业之外的其他所有经济活动部门。国内生产总值是反映一地区全部生产活动最终成果的重要指标，也是衡量该地区经济发展水平的标准。尤其在热带气旋(台风)灾害风险评价中，国内生产总值能够代表台风灾害对该地区造成经济损失的易损程度，因此，承灾环境易损性评价中将国内生产总值作为一项重要的影响因子。综合考虑 GDP 的几个主要相关因素(自然因素，如土地利用类型；经济因素，如 GDP 的产业构成；人文因素，如人口分布等)，并且结合宁波市土地利用数据，构建 GDP 空间化模型。由于不同产业类型对应不同的土地利用，在构建 GDP 空间模型时自然需要分别考虑，而且在不同的产业类型在热带气旋(台风)灾害风险评价中同样对应不同的易损程度，因此需要给予分别考虑。例如，热带气旋(台风)灾害对第一产业类型包括农业、林业、渔业冲击作用大，尤其是对粮食生产和其他经济作物的种植有着难以防御的灾损作用。

在实现过程中，考虑自然、经济和人文三个主要因素，遵循"无土地利用则无 GDP"的原则，通过人工干预剔除裸地等未利用土地，选用平均海拔、耕地、林地、草地、水域、农村居民用地为农业产值空间化的主要土地利用类型。选择城镇用地、建设用地、水域、林地、居民用地为工业产值空间化的主要土地利用类型，并运用与人口空间化类似的方法实现宁波市工业产值的空间化。

从农业产值的分布来看(图 5.6)，慈溪市、余姚市、老鄞州区以及象山县是农业主要生产区，因此农业产值较高。

5.3.3　农业用地分布

农业是国民经济的基础，是经济社会发展的重中之重，而耕地又是农业发展的重要物质生产资料，是反映农业生产密集程度的主要指标。2015 年宁波市粮食生产总体形势表现为面积微减和总产增。据统计，2015 年全市粮食播种面积为 201.1 万亩，比上年减 0.6 万亩，基本保持稳定；但总产 79.1 万 t，比上年增 4.8 万 t，增幅 6.5%。

热带气旋(台风)是影响宁波市农业生产的重要灾害性天气。热带气旋(台风)影响宁波的频繁时段是在 7—9 月，比如 2015 年 7 月上旬的典型梅雨和台风"灿鸿"的双重打击造成双夏生产严重影响，早稻出现了大面积倒伏、穗上发芽和收割困难等问题，9 月底的"杜鹃"台风虽未正面登陆，但带来的强降雨造成一部分晚稻受淹，最关键的是影响许多正处于抽穗扬花期的晚稻开花授粉，造成结实率大大下降，从而影响产量。2015 年粮食生产稳中有增也算是奇迹。

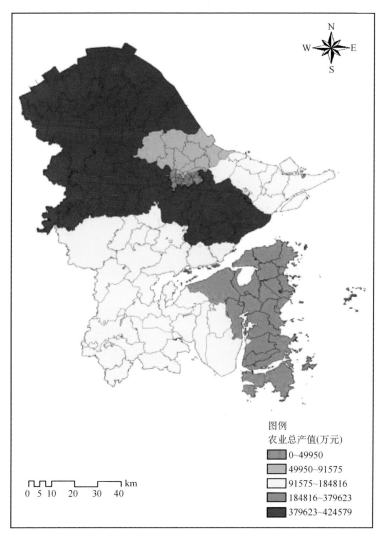

图 5.6　宁波市农业总产值图

　　首先,热带气旋(台风)引起的暴雨会诱发洪涝,引发泥石流、山崩、滑坡和水土流失等次生灾害,使农业耕地遭到泥沙石的掩盖,导致土壤质量下降,同时引起晚稻生育环境恶化,生理活动异常,影响农作物的生长;若开花期遇上暴雨还会使花药花粉直接受害(即"暴雨洗花"作用),这些终导致减产。其次,伴随热带气旋(台风)而来的大风暴雨使作物折枝、伤根、裂叶,产生许多伤口,而流水又会增加伤口病菌侵染的机会,同时带来的降水使作物表面长期维持高湿度状态,既有利于病菌传播,又有利于病菌侵入,极易造成病害的暴发成灾,特别是水稻细菌性病害和纹枯病的发生。有实验证明,温度为25～30℃、相对湿度在80%甚至90%以上时,纹枯病发生快,根据多年观测和统计表明,热带气旋(台风)过后的晚稻病害是导致秋粮减产的重要原因之一。

　　农业是一种露天生产和高风险性的产业,一般很难抵御自然灾害的影响,因此,农业是遭受自然灾害的损失较大的产业类型。而热带气旋(台风)又是影响宁波较为严重自然灾害之一,每次热带气旋(台风)登陆都会造成大面积农田受淹和粮食减产,对农业生产和发展造成损害尤为严重,因此,针对宁波市农业生产受热带气旋(台风)影响的研究也是必不可少。

　　宁波市的农业用地(图 5.7)分布较为集中,慈溪市、余姚市、象山县南部以及奉化、老

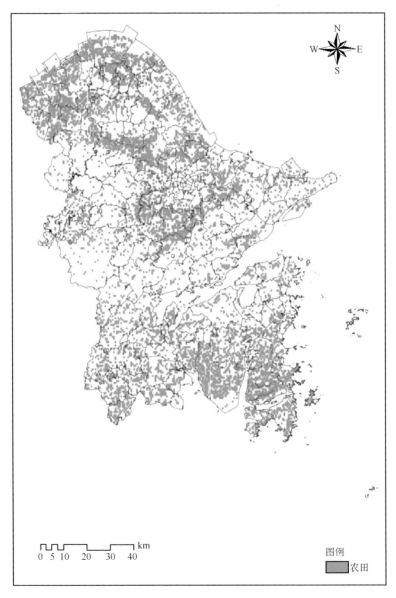

图 5.7　宁波市农田分布图

鄞州、宁海部分地区均覆盖较为集中的耕地。因此,在叠加各种农业用地类型以后,反映出宁波农业用地高密集区主要分布在慈溪、余姚、象山、宁海、奉化、老鄞州等地,且农业用地面积比重越大,热带气旋(台风)灾害易损性越高,热带气旋(台风)灾害风险越大。

5.3.4 建筑用地分布

宁波市建筑用地(图5.8)主要集中分布在海曙区、镇海区、江北区、鄞州区以及北仑区和慈溪市的部分地区。由于建筑物密集的地方人口也多,当台风暴雨灾害来

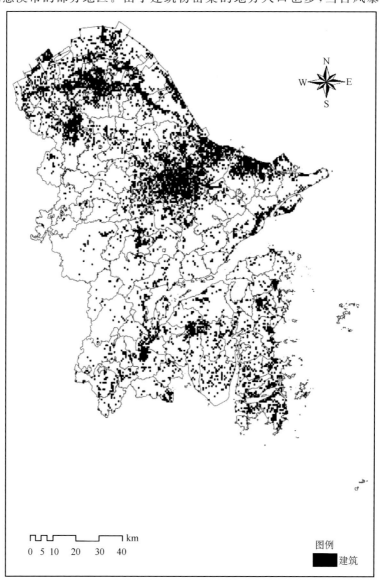

图 5.8 宁波市建筑物分布图

临时,在人员和经济上将面临更大的损失。城市里有很多高楼大厦,当灾害来临时,也将比农村损失更严重。所以建筑用地越多的地方,热带气旋(台风)灾害易损性越高,热带气旋(台风)灾害风险越大。

5.3.5 地均 GDP

宁波市地均 GDP(图 5.9)最高的分布在镇海区、江北区、老海曙区以及北仑区一带,GDP 达 8000 万元/km² 以上,慈溪市和鄞州区 GDP 达 5000 万元/km² 以上,余姚市 GDP 达 2500 万元/km²,而奉化区、宁海县、象山县 GDP 相对较少。

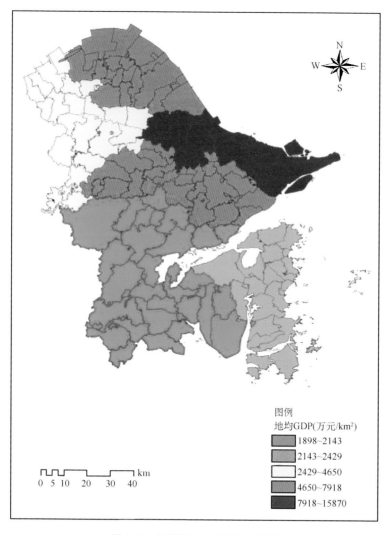

图 5.9　宁波市地均 GDP 分布图

5.4 防灾减灾能力评价

过去的灾害风险评价理论大多将抗灾性能划分到承灾环境易损性,甚至较少考虑。随着热带气旋(台风)灾害的破坏强度和灾损程度逐渐加大,以及人类对灾害预测和灾害抵御能力的进一步提高,区域抗灾减灾能力理应在热带气旋(台风)灾害风险评价中扮演举足轻重的地位。例如,以上分析灾害性天气预报的发布、防洪堤坝的加固、对建筑结构及抗灾能力的优化设计、紧急救灾预案的制定、巨灾保险基金的建立、甚至是类似研究的台风灾害风险评估与区划等,都属于抗灾能力的重要体现。但客观而言,由于许多自然灾害发生发展规律尚不明确,对承灾体的破坏机理尚不能完全掌握,加之抗灾能力的关键数据不易得到,甚至不准确、不全面,所以人们还不能进行确定的区域抗灾能力评估。

所以,除致灾因子、孕灾环境、承灾体外,就宁波市对热带气旋(台风)灾害的抗灾能力而言,选择了统计年鉴中能反映防灾救灾能力特征的指标作为评价因子,比如各区县市农业收入、财政收入、医疗及工伤保险参保人数以及对医疗卫生和农林水利上的财政投入等,其权重值为 0.1748,详见表 5.1。

表 5.1 防灾救灾能力指标权重

防灾指标	农业收入	财政收入	农林水利财政投入	医疗保险参保人数	卫生技术人员	卫生机构数	医疗床数
权重值	0.0250	0.0250	0.0250	0.0250	0.0250	0.0249	0.0249

5.4.1 财政收入和农民人均收入

财政收入(图 5.10)较高地区为海曙区、鄞州区和北仑区一带,财政收入高达 2656310 万元以上,财政收入较低值地区为江北区,收入为 726190 万元左右。

农民人均收入(图 5.11)较高值出现在慈溪和鄞州,为 20376 元以上,较低值出现在象山县,人均收入为 16765 元左右。根据对防灾救灾能力的表现形式分析,乡镇财政收入和农民人均收入能够反映出灾区经济发展水平以及区域救灾能力。当然,也有学者考虑将乡镇财政收入、农民人均收入与国内生产总值一样纳为易损性指标,但国内生产总值表达的是灾区经济总量的大小,反映灾区易损程度的高低,因此归为易损性指标,而乡镇财政收入与农民人均收入主要表达灾区政府减灾救灾执行能力以及灾区人民防灾自救能力的大小,因此,应该为防灾救灾能力的指标。

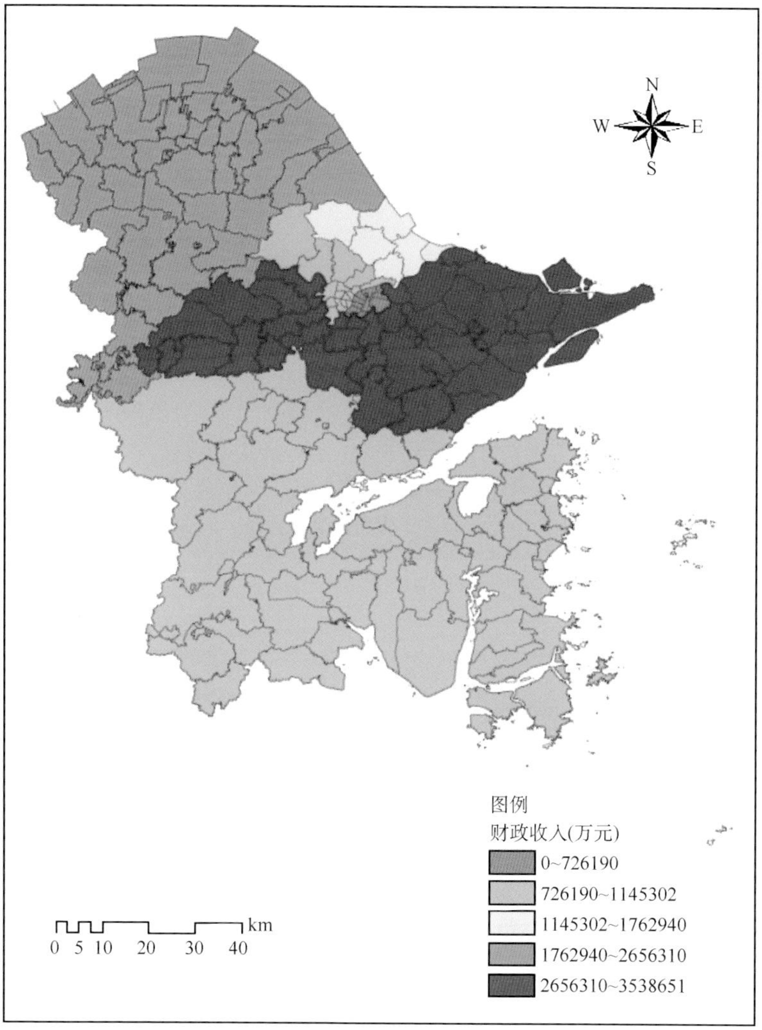
N
W
E
S
图例
财政收入(万元)
0~726190
726190~1145302
1145302~1762940
1762940~2656310
2656310~3538651
km
0 5 10 20 30 40

图 5.10 宁波市财政收入分布图

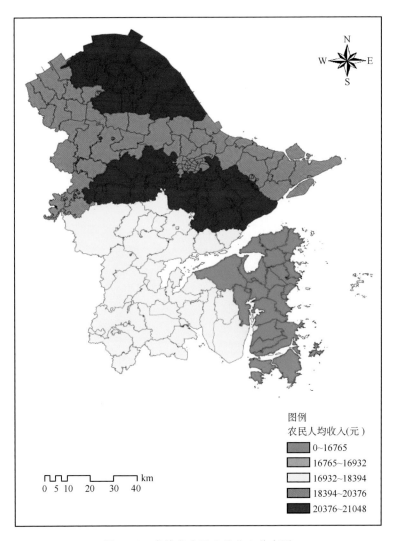

图 5.11 宁波市农民人均收入分布图

5.4.2 医疗保险参保人数和卫生技术人员

随着防灾减灾社会化的发展需要,社会与商业保险在灾后恢复和重建过程中发挥着举足轻重的地位,灾区承保金额多少能够直接影响灾区的区域防灾救灾能力。因此,考虑将医疗及工伤保险参保比重作为防灾救灾能力的重要指标。宁波市区、镇海区、北仑区以及鄞州区,在参保人数上均具有优势地位,投保率为 35% 以上,而象山县相对较低。因此,从空间按分布看:东北部地区在保险保障上具有明显优于南部地区的优势,这与地区收入水平的差异相关较大(图 5.12)。

图 5.12 宁波基本医疗保险参保人数分布图

　　其次,灾区的医疗卫生水平、医疗救护能力在热带气旋(台风)灾害营救过程中,始终具有至关重要的作用。尤其是对于影响范围较大的、灾损强度较高的热带气旋(台风)灾害,以及由热带气旋(台风)诱发的各种突发性次生灾害而言,受灾人口较多,致伤、致死率较高,因此,灾区医疗水平和医护人员数量的意义就非同一般,正是考虑以上各种因素将医疗救护人员数作为区域防灾救灾能力的评价因子。除象山县、奉化区以外,宁波各区(县、市)的医疗救护人员数均接近于 4000 人及以上(图5.13)。

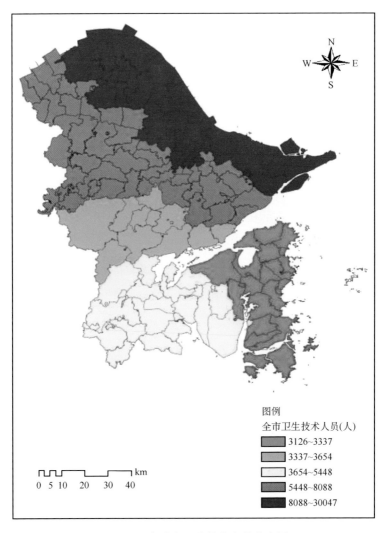

图 5.13　宁波市卫生技术人员分布图

医疗机构数分布较多的在宁波市区及慈溪市、镇海区和北仑区,达 135 个以上(图 5.14)。

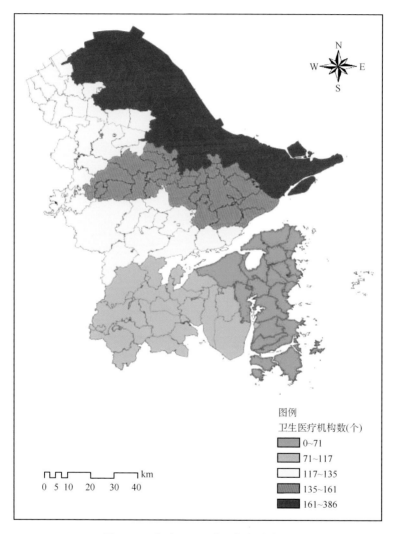

图 5.14 宁波卫生医疗机构数分布图

除宁波市区、镇海区和北仑区、鄞州区医疗病床数比较多,其他县市医疗病床数比较均匀,在 2000 张左右(图 5.15)。

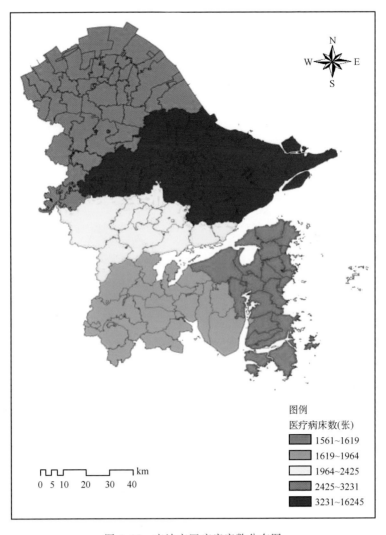

图 5.15　宁波市医疗病床数分布图

5. 4. 3 农林水利财政投入

宁波市逐年加大对农林水利和医疗卫生等基础设施的财政投入,提高防灾工程强度,象山县、海曙区、鄞州区农林水利投入最多,达 92005 万元以上(图 5.16)。

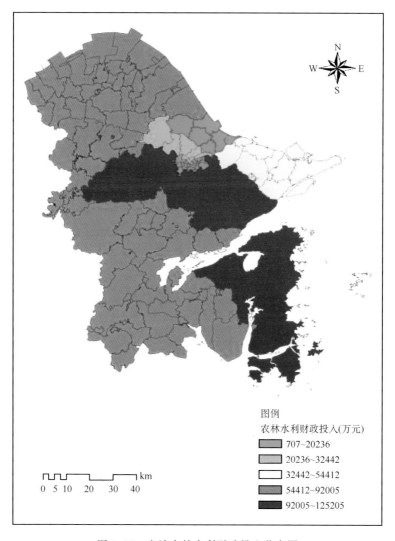

图例
农林水利财政投入(万元)
- 707~20236
- 20236~32442
- 32442~54412
- 54412~92005
- 92005~125205

图 5.16 宁波农林水利财政投入分布图

防灾工程建设,救灾物资的储备和供应,以及灾区的救灾组织和保障能力均需要政府对防灾救灾的大量投入,这些方面均是非政府部门所不能代替的。当然,这种防灾投入一方面受限于当地的经济发展水平,而另一方面则受制于政府的防灾救灾意识和能力。因此,从对医疗卫生和农林水利上的财政投入以及旱涝保收面积比重来反映灾区政府的防灾减灾能力的空间差异。

5.5 致灾因子危险性评价及灾害风险评估

由灾害学观点可知,热带气旋(台风)本身就是致灾因子,其释放能量的三种主要方式,即兴风、造雨、作浪,相应的热带气旋(台风)成灾方式主要包括热带气旋(台风)大风、热带气旋(台风)暴雨以及风暴潮,同时各种成灾方式又能造成次一级的衍生灾害,从而形成热带气旋(台风)灾害链。就影响宁波的热带气旋(台风)灾害而言,热带气旋(台风)大风与暴雨是导致热带气旋(台风)灾害发生的主要触发因素,除风暴潮外,宁波热带气旋(台风)致灾因子的风险分析主要从热带气旋(台风)大风和热带气(台风)暴雨两个角度来考虑。而热带气旋(台风)危险性评价是研究给定地理区域内一定时间段各种强度热带气旋(台风)的致灾因子发生的可能性,包括分析其时、空、强度的致灾特征及发生规律。据统计,影响宁波的热带气旋(台风)绝大多数都会引起大范围8级以上的大风,东部沿海及岛屿极大风速普遍可达12级以上,部分地区甚至出现14级以上大风。宁波地处沿海,热带气旋(台风)影响过程中风速一般8级以上,沿海也是热带气旋(台风)大风的主要影响区域。在影响宁波的热带气旋(台风)中,95%造成了暴雨,甚至大暴雨。由于热带气旋(台风)暴雨强度大、雨量集中,如在城市内,因排水不及而造成局部被淹引起内涝,在山区则造成山洪暴发,河流泛滥,冲毁民房、村镇、冲毁道路、桥梁,淹没农田,还常造成崩塌、滑坡、泥石流、水土流失等地质灾害,如在库区,由于上游山洪暴发而水库排水、溢水不畅则有可能发生溢漫堤,甚至垮坝事件,由此形成热带气旋(台风)暴雨灾害。

5.5.1 热带气旋(台风)暴雨概率统计分析和灾害风险评估

热带气旋(台风)暴雨是暴雨特别是大暴雨、特大暴雨产生的主要类型。热带气旋(台风)过程是一种复杂的灾害性天气现象,其雨量强弱,雨区大小,分布状况等差别很大,除了受环流形势及系统配置影响外,还包括热带气旋(台风)自身强度大小、热带气旋(台风)中气流、温、湿、稳定度等场的结构,台风的移动路径、速度、寿命长短等,以及局地地形特征,包括海岸特点,山脉定向、高度、坡度、范围大小等多方面影响,过程复杂,机理模糊。因此,从物理机理来研究热带气旋(台风)暴雨过程的发生发展规律较为不易。从而,采用合适的随机变量概率分布模型来描述暴雨强度概率分布规律,以确定各地的不同暴雨强度等级下的超越概率,不同重现期的热带气旋(台风)暴雨强度。在此基础上,用刻画空间分布形态相似及位置接近程度的参量构建点面结合的热带气旋(台风)暴雨诊断模型,以计算某一极端热带气旋(台风)强降水事件发生的危险程度。

热带气旋(台风)暴雨是台风灾害的首要致灾因子。能够较好地反映暴雨强弱的指标有日最大降雨量和过程降雨量。通过对这两个指标做相关分析,得到它们的相关系数在0.85以上。因此,选择日最大降雨量反映热带气旋(台风)暴雨的强度特征。

(1)热带气旋(台风)暴雨概率分布

慈溪站:gumbel max distribution

$$f(x) = \frac{\exp\left[-\frac{1}{2}\left(\frac{x-\mu}{\sigma}\right)^2\right]}{\sigma\sqrt{2\pi}} \tag{5.1}$$

$$\sigma = 0.71948; \mu = 0.8$$

余姚站:gumbel max distribution

$$f(x) = \left\{\pi\sigma\left[1 + \left(\frac{x-\mu}{\sigma}\right)^2\right]\right\}^{-1} \tag{5.2}$$

$$\sigma = 0.62597; \mu = 0.77955$$

镇海站:gumbel max distribution

$$f(x) = \frac{1}{\sigma}\exp\left[-z - \exp(-z)\right] \tag{5.3}$$

$$\text{这里 } z = \frac{x-\mu}{\sigma}$$

$$\sigma = 0.68407; \mu = -0.02343$$

鄞州站:gumbel max distribution

$$f(x) = \begin{cases} \frac{1}{\sigma}\exp\left[-(1+kz)^{-1/k}\right](1+kz)^{-1-1/k} & (k \neq 0) \\ \frac{1}{\sigma}\exp\left[-z - \exp(-z)\right] & (k = 0) \end{cases} \tag{5.4}$$

$$k = -0.01305; \sigma = 0.94715; \mu = 0.89394$$

北仑站:gumbel max distribution

$$f(x) = \frac{\delta}{\lambda\sqrt{2\pi}z(1-z)}\exp\left\{-\frac{1}{2}\left[\gamma + \delta\ln\left(\frac{z}{1-z}\right)\right]^2\right\} \tag{5.5}$$

$$z = \frac{x-\zeta}{\lambda}$$

$$\gamma = 1.2022; \delta = 0.74242; \lambda = 5.9051; \zeta = -0.34389$$

奉化站:gumbel max distribution

$$f(x) = \frac{2m^m}{\Gamma(m)\Omega^m}x^{2m-1}\exp\left(-\frac{m}{\Omega}x^2\right) \tag{5.6}$$

$$m = 0.63921; \Omega = 2.2286$$

象山站:gumbel max distribution

$$f(x) = \frac{\text{sech}\left[\frac{\pi(x-\mu)}{2\sigma}\right]}{2\sigma} \tag{5.7}$$

$$\sigma = 0.796; \mu = 0.88571$$

宁海站:gumbel max distribution

$$f(x) = \left\{ \pi\sigma \left[1 + \left(\frac{x - \mu}{\sigma} \right)^2 \right] \right\}^{-1} \qquad (5.8)$$

$$\sigma = 0.6493; \mu = 0.69385$$

石浦站:gumbel max distribution

$$f(x) = \left\{ \pi\sigma \left[1 + \left(\frac{x - \mu}{\sigma} \right)^2 \right] \right\}^{-1} \qquad (5.9)$$

$$\sigma = 0.49783; \mu = 0.85997$$

　　热带气旋(台风)暴雨(图5.17)发生概率最大的地区是宁海西南部、奉化西部和象山南部,概率达到49.74%以上,象山港两岸、余姚西南部发生暴雨的概率也较高,达到44.39%以上,发生概率相对比较小的地区是北部地区的慈溪市、镇海区、老市区和北仑区,但也达到40.26%以上。所以宁波市受台风影响,发生暴雨概率还是很大的。

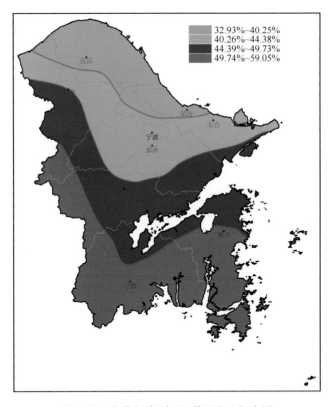

图5.17　热带气旋(台风)暴雨发生概率图

　　(2)热带气旋(台风)大暴雨概率分布

　　慈溪站:gumbel max distribution

$$f(x) = \frac{1}{\sigma} \exp[-z - \exp(-z)] \qquad (5.10)$$

$$这里\ z = \frac{x - \mu}{\sigma}$$

$$\sigma = 0.53773 ; \mu = -0.08181$$

余姚站:gumbel max distribution

$$f(x) = \frac{1}{\sigma} \exp[-z - \exp(-z)] \tag{5.11}$$

$$这里\ z = \frac{x - \mu}{\sigma}$$

$$\sigma = 0.38224 ; \mu = 0.00794$$

镇海站:gumbel max distribution

$$f(x) = \frac{1}{\sigma} \exp[-z - \exp(-z)] \tag{5.12}$$

$$这里\ z = \frac{x - \mu}{\sigma}$$

$$\sigma = 0.38224 ; \mu = 0.00794$$

鄞州站:gumbel max distribution

$$f(x) = \frac{\delta}{\lambda \sqrt{2\pi} z(1-z)} \exp\left\{-\frac{1}{2}\left[\gamma + \delta\ln\left(\frac{z}{1-z}\right)\right]^2\right\} \tag{5.13}$$

$$z = \frac{x - \zeta}{\lambda}$$

$$\gamma = 1.2416 ; \delta = 0.51204 ; \lambda = 2.3771 ; \zeta = -0.13461$$

北仑站:gumbel max distribution

$$f(x) = \frac{1}{\sigma} \exp[-z - \exp(-z)] \tag{5.14}$$

$$这里\ z = \frac{x - \mu}{\sigma}$$

$$\sigma = 0.4543 ; \mu = 0.05206$$

奉化站:gumbel max distribution

$$f(x) = \frac{\delta}{\lambda \sqrt{2\pi} z(1-z)} \exp\left\{-\frac{1}{2}\left[\gamma + \delta\ln\left(\frac{z}{1-z}\right)\right]^2\right\} \tag{5.15}$$

$$z = \frac{x - \zeta}{\lambda}$$

$$\gamma = 2.007 ; \delta = 0.84123 ; \lambda = 5.528 ; \zeta = -0.27467$$

象山站:gumbel max distribution

$$f(x) = \frac{1}{\sigma} \exp[-z - \exp(-z)] \tag{5.16}$$

$$这里\ z = \frac{x - \mu}{\sigma}$$

$$\sigma = 0.65741 ; \mu = 0.2491$$

宁海站：gumbel max distribution

$$f(x) = \frac{\delta}{\lambda \sqrt{2\pi} z(1-z)} \exp\left\{-\frac{1}{2}\left[\gamma + \delta\ln\left(\frac{z}{1-z}\right)\right]^2\right\} \qquad (5.17)$$

$$z = \frac{x-\zeta}{\lambda}$$

$$\gamma = 0.78343; \delta = 0.84123; \lambda = 2.4754; \zeta = -0.14883$$

石浦站：gumbel max distribution

$$f(x) = \frac{\delta}{\lambda \sqrt{2\pi} z(1-z)} \exp\left\{-\frac{1}{2}\left[\gamma + \delta\ln\left(\frac{z}{1-z}\right)\right]^2\right\} \qquad (5.18)$$

$$z = \frac{x-\zeta}{\lambda}$$

$$\gamma = 1.0573; \delta = 0.56; \lambda = 2.3138; \zeta = -0.17384$$

发生热带气旋（台风）大暴雨（图 5.18）概率比较大的地区是宁海县、象山县和四明山区以及北仑东部，概率达到 21.40％以上，余姚部分地区、鄞州南部发生大暴雨也比较频繁，达到 17.16％以上。

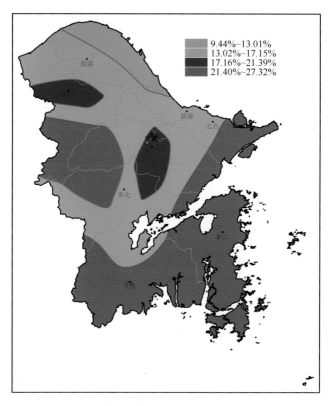

图 5.18　热带气旋（台风）大暴雨发生概率图

(3)热带气旋(台风)特大暴雨

余姚站:gumbel max distribution

$$f(x) = \frac{1}{\sigma}\exp[-z - \exp(-z)] \tag{5.19}$$

这里 $z = \dfrac{x - \mu}{\sigma}$

$\sigma = 0.13179; \mu = -0.0475$

镇海站:gumbel max distribution

$$f(x) = \frac{1}{\sigma}\exp[-z - \exp(-z)] \tag{5.20}$$

这里 $z = \dfrac{x - \mu}{\sigma}$

$\sigma = 0.13179; \mu = -0.0475$

鄞州站:gumbel max distribution

$$f(x) = \frac{1}{\sigma}\exp[-z - \exp(-z)] \tag{5.21}$$

这里 $z = \dfrac{x - \mu}{\sigma}$

$\sigma = 0.13179; \mu = -0.0475$

奉化站:gumbel max distribution

$$f(x) = \frac{1}{\sigma}\exp[-z - \exp(-z)] \tag{5.22}$$

这里 $z = \dfrac{x - \mu}{\sigma}$

$\sigma = 0.13179; \mu = -0.0475$

象山站:gumbel max distribution

$$f(x) = \frac{1}{\sigma}\exp[-z - \exp(-z)] \tag{5.23}$$

这里 $z = \dfrac{x - \mu}{\sigma}$

$\sigma = 0.13179; \mu = -0.0475$

宁波市热带气旋(台风)特大暴雨(图 5.19)发生比较频繁的地区是西部局部山区,概率也不小,达 10.32% 以上,全市均有出现特大暴雨的可能。

综上可知,宁波市热带气旋(台风)暴雨发生概率由高到低是暴雨＞大暴雨＞特大暴雨,发生暴雨比较频繁,特别强的热带气旋(台风)暴雨主要发生在西部部分山区,说明地形的作用很大。值得特别注意的是,特大暴雨在全市均有出现的可能。

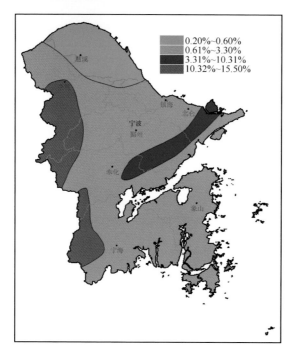

图 5.19　热带气旋(台风)特大暴雨发生概率图

5.5.2　热带气旋(台风)概率统计分析和灾害风险评估

　　热带气旋(台风)是一种中心气压极低的涡旋,具有强大的气压梯度和旋转力,引起近地面较大风速。热带气旋(台风)大风通常是指热带气旋(台风)影响过程中的极大风速(地面 10 m 高度瞬时风速)和最大风速(地面 10 m 高度 10 min 平均风速)。根据对影响宁波热带气旋(台风)气候特征的分析可知,热带气旋(台风)极大风速与最大风速相差 1～2 级,极大风速是造成大风灾害的主导因素,具有极强的瞬时性和破坏性,包括摧毁房屋、掀翻船只、毁坏园林、吹倒庄稼树木广告牌等。因此,以极大风速和暴雨量级作为影响宁波的热带气旋(台风)灾害的危险性评价指标,主要从影响宁波热带气旋(台风)的极值大风分布、极大风速、日极大雨量、过程累积雨量的概率求算和风险分析,以及不同热带气旋(台风)路径下各要素的区域性差异等方面分析热带气旋(台风)的致灾特征。

　　对于复杂的气象灾害现象、过程或系统而言,很难研究和确定灾害发生物理机理,但是可以设计统计模式,并通过已有样本计算发生概率和不同强度等级条件下气象灾害发生的重现期,从而反映灾害风险问题,主要通过气候极值推算及异常事件的频数分布来研究气象灾害风险状况。就热带气旋(台风)大风、降水分析,选择热带气旋(台风)过程极大风速、最大降水来反映热带气旋(台风)影响强度。首先定义热带气旋(台风)大风、暴雨的定义域,定义域的大值视研究区的具体情况而定。通过对宁波历年各个气象观测站点观测数据进行统计分析,得到研究区发生各个量级热带气旋(台风)的概率值。

(1)轻微影响级别热带气旋(台风)概率分布

慈溪站:gumbel max distribution

$$f(x) = \frac{\delta}{\lambda \sqrt{2\pi} z(1-z)} \exp\left\{-\frac{1}{2}\left[\gamma + \delta \ln\left(\frac{z}{1-z}\right)\right]^2\right\} \qquad (5.24)$$

$$z = \frac{x - \zeta}{\lambda}$$

$$\gamma = 0.65059; \delta = 0.55266; \lambda = 4.9017; \zeta = -0.30286$$

余姚站:gumbel max distribution

$$f(x) = \frac{\delta}{\lambda \sqrt{2\pi} z(1-z)} \exp\left\{-\frac{1}{2}\left[\gamma + \delta \ln\left(\frac{z}{1-z}\right)\right]^2\right\} \qquad (5.25)$$

$$z = \frac{x - \zeta}{\lambda}$$

$$\gamma = 1.1459; \delta = 0.51053; \lambda = 3.5565; \zeta = -0.18093$$

镇海站:gumbel max distribution

$$f(x) = \frac{1}{\sigma} \exp[-z - \exp(-z)] \qquad (5.26)$$

$$\text{这里 } z = \frac{x - \mu}{\sigma}$$

$$\sigma = 0.55087; \mu = -0.14654$$

鄞州站:gumbel max distribution

$$f(x) = \frac{1}{\sigma} \exp[-z - \exp(-z)] \qquad (5.27)$$

$$\text{这里 } z = \frac{x - \mu}{\sigma}$$

$$\sigma = 0.85292; \mu = 0.25054$$

北仑站:gumbel max distribution

$$f(x) = \frac{\delta}{\lambda \sqrt{2\pi} z(1-z)} \exp\left\{-\frac{1}{2}\left[\gamma + \delta \ln\left(\frac{z}{1-z}\right)\right]^2\right\} \qquad (5.28)$$

$$z = \frac{x - \zeta}{\lambda}$$

$$\gamma = 1.2207; \delta = 0.5545; \lambda = 6.2365; \zeta = -0.29387$$

奉化站:gumbel max distribution

$$f(x) = \frac{1}{\sigma} \exp[-z - \exp(-z)] \qquad (5.29)$$

$$\text{这里 } z = \frac{x - \mu}{\sigma}$$

$$\sigma = 0.9086; \mu = 0.24697$$

象山站:gumbel max distribution

$$f(x) = \frac{1}{\sigma}\exp\left[-z - \exp(-z)\right] \tag{5.30}$$

这里 $z = \dfrac{x-\mu}{\sigma}$

$$\sigma = 1.1369 ; \mu = 0.20092$$

宁海站：gumbel max distribution

$$f(x) = \frac{\delta}{\lambda\sqrt{2\pi}z(1-z)}\exp\left\{-\frac{1}{2}\left[\gamma + \delta\ln\left(\frac{z}{1-z}\right)\right]^2\right\} \tag{5.31}$$

$$z = \frac{x-\zeta}{\lambda}$$

$$\gamma = 0.88674 ; \delta = 0.49971 ; \lambda = 4.4636 ; \zeta = -0.26346$$

石浦站：gumbel max distribution

$$f(x) = \frac{\delta}{\lambda\sqrt{2\pi}z(1-z)}\exp\left\{-\frac{1}{2}\left[\gamma + \delta\ln\left(\frac{z}{1-z}\right)\right]^2\right\} \tag{5.32}$$

$$z = \frac{x-\zeta}{\lambda}$$

$$\gamma = 0.45259 ; \delta = 0.86267 ; \lambda = 6.3999 ; \zeta = -0.74743$$

轻微影响发生的热带气旋(台风)(图 5.20)，象山县发生的概率最高，在 78.43%

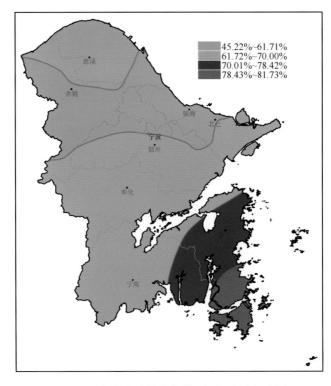

图 5.20　轻微影响热带气旋(台风)发生概率图

以上,奉化区、宁海县和北仑区南部、海曙西部、鄞州区、慈溪市发生轻微影响热带气旋(台风)概率也较高,在 70% 以上。

(2)中度影响级别热带气旋(台风)概率分布

慈溪站:gumbel max distribution

$$f(x) = \frac{\delta}{\lambda} \frac{1}{\sqrt{2\pi} z(1-z)} \exp\left\{-\frac{1}{2}\left[\gamma + \delta\ln\left(\frac{z}{1-z}\right)\right]^2\right\} \tag{5.33}$$

$$z = \frac{x-\zeta}{\lambda}$$

$$\gamma = 2.5263; \delta = 1.1873; \lambda = 7.3823; \zeta = -0.45836$$

余姚站:gumbel max distribution

$$f(x) = \frac{1}{\sigma} \exp[-z - \exp(-z)] \tag{5.34}$$

$$\text{这里 } z = \frac{x-\mu}{\sigma}$$

$$\sigma = 0.4543; \mu = 0.05206$$

镇海站:gumbel max distribution

$$f(x) = \frac{1}{\sigma} \exp[-z - \exp(-z)] \tag{5.35}$$

$$\text{这里 } z = \frac{x-\mu}{\sigma}$$

$$\sigma = 0.18362; \mu = -0.04885$$

鄞州站:gumbel max distribution

$$f(x) = \frac{\delta}{\lambda} \frac{1}{\sqrt{2\pi} z(1-z)} \exp\left\{-\frac{1}{2}\left[\gamma + \delta\ln\left(\frac{z}{1-z}\right)\right]^2\right\} \tag{5.36}$$

$$z = \frac{x-\zeta}{\lambda}$$

$$\gamma = 0.95459; \delta = 0.45402; \lambda = 2.4975; \zeta = -0.13799$$

北仑站:gumbel max distribution

$$f(x) = \frac{1}{\sigma} \exp[-z - \exp(-z)] \tag{5.37}$$

$$\text{这里 } z = \frac{x-\mu}{\sigma}$$

$$\sigma = 0.52717; \mu = 0.00999$$

奉化站:gumbel max distribution

$$f(x) = \frac{1}{\sigma} \exp[-z - \exp(-z)] \tag{5.38}$$

$$\text{这里 } z = \frac{x-\mu}{\sigma}$$

$$\sigma = 0.33218; \mu = 0.03683$$

象山站:gumbel max distribution

$$f(x) = \frac{1}{\sigma}\exp[-z - \exp(-z)] \tag{5.39}$$

$$这里 z = \frac{x - \mu}{\sigma}$$

$$\sigma = 0.33218; \mu = 0.03683$$

宁海站:gumbel max distribution

$$f(x) = \frac{\delta}{\lambda\sqrt{2\pi}z(1-z)}\exp\left\{-\frac{1}{2}\left[\gamma + \delta\ln\left(\frac{z}{1-z}\right)\right]^2\right\} \tag{5.40}$$

$$z = \frac{x - \zeta}{\lambda}$$

$$\gamma = 1.5742; \delta = 0.63808; \lambda = 4.3412; \zeta = -0.20256$$

石浦站:gumbel max distribution

$$f(x) = \frac{\delta}{\lambda\sqrt{2\pi}z(1-z)}\exp\left\{-\frac{1}{2}\left[\gamma + \delta\ln\left(\frac{z}{1-z}\right)\right]^2\right\} \tag{5.41}$$

$$z = \frac{x - \zeta}{\lambda}$$

$$\gamma = 1.1588; \delta = 0.62601; \lambda = 3.8095; \zeta = -0.24686$$

从中度影响级别热带气旋(台风)(图 5.21)发生概率图可以得到,象山县南部发生中度影响级别台风概率最高,高达 50% 以上,而宁海县次之,发生的概率也较高,在 45.32% 以上,中北部地区发生的概率相对小一些。

(3)严重影响级别热带气旋(台风)概率分布

慈溪站:gumbel max distribution

$$f(x) = \frac{1}{\sigma}\exp[-z - \exp(-z)] \tag{5.42}$$

$$这里 z = \frac{x - \mu}{\sigma}$$

$$\sigma = 0.13179; \mu = -0.0475$$

余姚站:gumbel max distribution

$$f(x) = \frac{1}{\sigma}\exp[-z - \exp(-z)] \tag{5.43}$$

$$这里 z = \frac{x - \mu}{\sigma}$$

$$\sigma = 0.13179; \mu = -0.0475$$

鄞州站:gumbel max distribution

$$f(x) = \frac{1}{\sigma}\exp[-z - \exp(-z)] \tag{5.44}$$

$$这里 z = \frac{x-\mu}{\sigma}$$

$$\sigma = 0.13179; \mu = -0.0475$$

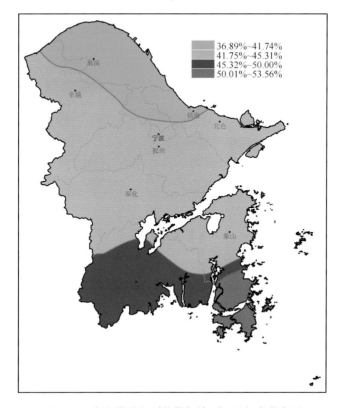

图 5.21　中度影响级别热带气旋(台风)概率分布图

北仑站:gumbel max distribution

$$f(x) = \frac{1}{\sigma}\exp[-z-\exp(-z)] \tag{5.45}$$

$$这里 z = \frac{x-\mu}{\sigma}$$

$$\sigma = 0.22146; \mu = -0.04211$$

奉化站:gumbel max distribution

$$f(x) = \frac{1}{\sigma}\exp[-z-\exp(-z)] \tag{5.46}$$

$$这里 z = \frac{x-\mu}{\sigma}$$

$$\sigma = 0.29121; \mu = -0.08238$$

宁海站:gumbel max distribution

$$f(x) = \frac{1}{\sigma}\exp[-z-\exp(-z)] \tag{5.47}$$

$$这里 z = \frac{x-\mu}{\sigma}$$

$$\sigma = 0.22146; \mu = -0.04211$$

石浦站:gumbel max distribution

$$f(x) = \frac{1}{\sigma}\exp[-z-\exp(-z)] \tag{5.48}$$

$$这里 z = \frac{x-\mu}{\sigma}$$

$$\sigma = 0.18362; \mu = -0.04885$$

由严重影响级别热带气旋(台风)(图5.22)概率分布图可知,象山东南部、宁海西部、奉化西部及余姚西南部发生的概率最高,在26.44%以上,老市区、宁海东北部等地发生的概率也较高,由概率可以得到,严重影响热带气旋(台风)发生的概率并不小。

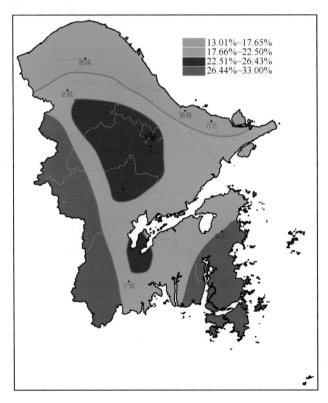

图5.22 严重影响级别热带气旋(台风)概率分布图

(4)严重破坏级别热带气旋(台风)概率分布

鄞州站:gumbel max distribution

$$f(x) = \frac{1}{\sigma}\exp\left[-z - \exp(-z)\right] \tag{5.49}$$

这里 $z = \dfrac{x-\mu}{\sigma}$

$$\sigma = 0.13179; \mu = -0.0475$$

　　达到严重破坏级别的热带气旋(台风)(图5.23)概率相对低,主要是南部两县和四明山部分地区有严重破坏台风的发生,概率在10%左右,北仑东南部概率也在7.25%以上,全市范围均有严重破坏级别的热带气旋(台风)出现。

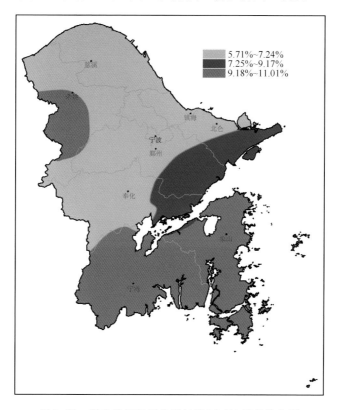

图 5.23　严重破坏级别热带气旋(台风)概率分布图

(5)灾难性破坏级别热带气旋(台风)概率分布

　　余姚站:gumbel max distribution

$$f(x) = \frac{1}{\sigma}\exp\left[-z - \exp(-z)\right] \tag{5.50}$$

这里 $z = \dfrac{x-\mu}{\sigma}$

$$\sigma = 0.13179; \mu = -0.0475$$

灾难性破坏级别热带气旋(台风)(图5.24)发生的概率特别小,只有象山东南和余姚城区周边有发生,但概率也只有 0.75% 以下,所以发生灾难性破坏台风的概率较小。

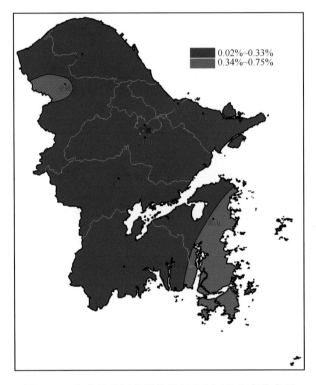

0.02%~0.33%
0.34%~0.75%

图 5.24　灾难性破坏级别热带气旋(台风)概率分布图

综上可知,宁波市热带气旋(台风)发生概率由高到低是轻微发生＞中度影响＞严重影响＞严重破坏＞灾难性破坏,其中沿海地区和西部山区发生台风的概率较高。

(6)毁灭性破坏级别的热带气旋(台风)历史上只有 1 个,为"八一"大台风,主要是象山县。

第 6 章
气象灾害风险区划方法

宁波位于中、低纬度的过渡地带,受西风带天气系统和低纬度东风带天气系统的共同影响,季风气候特征明显,由于冬夏季风强弱进退等变化每年有所不同,因而极易出现气象灾害。做好气象灾害的分析和风险评估与区划,对主动防范气象灾害,提高防灾减灾能力,具有十分重要的意义。

6.1 灾害与风险概述

6.1.1 灾害系统的构成

根据灾害系统理论,灾害系统主要由孕灾环境、致灾因子和承灾体共同组成。在气象灾害风险区划中,危险性是前提,易损性是基础,风险是结果。气象灾害风险就是气象灾害发生及其给人类社会造成损失的可能性,具有自然和社会双重属性,无论自然变异还是人类活动都可能导致气象灾害发生。气象灾害风险性是指若干年内(10年、20年、50年、100年等)可能达到的灾害程度及其灾害发生的可能性。

气象灾害风险性可以表达为:气象灾害风险＝气象灾害危险性×承灾体潜在易损性;其中气象灾害危险性是自然属性,包括孕灾环境和致灾因子,承灾体潜在易损性是社会属性。

灾害风险评估包含两个层次:一是对灾害风险区内的某种灾害进行风险评价;二是对灾害风险区内一定时段内可能发生的各种自然灾害之和,即综合灾害风险进行评价。

气象灾害风险是政府制定规划和项目建设开工前需要充分评估的一项重要内容,目的是减小气象灾害可能带来的风险,其中一项基础性工作是气象灾害风险区划,以确定辖区内气象灾害的种类、强度及出现的概率和分布。将风险评估与灾害性天气(致灾因子)和气象灾害预报紧密联系起来,与防灾减灾、灾前灾中评估挂钩,为政府及相关部门防御决策提供依据,为制定气象灾害工程和非工程措施、防御方案、防御管理等提供基础性支撑。

6.1.2 气象灾害风险概念

灾害风险通常理解为事件发生状态超过(或小于)某一临界状态而形成灾害事件的可能性,常用超越概率,有人也称累积概率。气象灾害风险是指某一地区在某一时期由于气象因子异常或对气象因素承载能力不足而导致的一系列人类的生存和经济社会发展及生态环境的灾害的可能性,既具有自然属性,也具有社会属性。气象灾害风险的形成:一是气象灾害风险源(致灾因子),即存在自然灾变;二是因为气象灾害与区域环境变化(孕灾环境)有密切关系;三是还与气象灾害风险的承载体(承灾体),即人类社会,对气象灾害的承灾能力相关;四是与社会对气象灾害造成的灾害的防灾减灾能力有关。因此,气象灾害风险分析、评估、区划是在上述四个方面基础上进行的综合结果。

(1)致灾因子

气象灾害产生和存在与否的第一个必要条件是要有气象灾害风险源,即致灾因子。气象因子异常状况的危险性程度主要包括:灾害种类,灾害活动规模、强度、频率,致灾范围,灾变等级等。这种危险性程度越大,它给人类社会经济系统和生态环境造成破坏的可能性就越大,相应地,人类社会经济系统和生态环境承受的来自该气象致灾因子的灾害风险就可能越大。在气象灾害研究中,致灾因子的分析,称为气象灾害的危险性分析,也有人称为致灾风险。这种危险性是对致灾因子发生的可能性和变异强度两方面因素的综合度量。气象灾害危险性指数 H 的高低通常可以表达为:

$$H = f(M, P) \tag{6.1}$$

式中,H 为致灾因子的危险性(Hazard);M 为致灾因子的变异强度(Magnitude);P 为气象致灾因子发生的概率(Possibility)。

一般来说,气象灾害致灾因子发生的可能性越大、变异强度越大,则该气象灾害致灾因子的危险性越高。

(2)孕灾环境

众所周知,气象灾害是否发生不仅与致灾因子有关,而且与人类社会所处的自然地质地理环境条件有关。自然地质地理环境条件包括地形地势、海拔高度、山川水系分布、地质地貌等。同样的降水量,地势低洼的地方容易出现洪涝灾害,不容易出现干旱灾害;虽然降雨是地质灾害重要的触发因子,但是,在不同坡度、高程、地下水、斜坡岩石结构和岩性及植被状况等的地质地理条件下,触发滑坡、泥石流等地质灾害的临界降雨量是不同的。

近年来气象灾害发生频繁,气象灾害损失与日俱增,其原因与区域环境变化有密切的关系,其中主要是气候与地表覆被的变化以及物质文化环境的变化。由于不同的气象致灾因子作用于不同的孕灾环境系统,形成的气象灾害也不同,因此研究气象灾害可以通过对不同孕灾环境的分析,研究不同孕灾环境下灾害类型、频度、强度、组合类型等,建立孕灾环境与致灾因子之间的关系,利用环境演变趋势分析致灾因子的时空强度特征,预测气象灾害的演变趋势。从广义角度看,孕灾环境的稳定程度是标定区域孕灾环境的定量指标,孕灾环境对气象灾害系统的复杂程度、强度、灾情程度以及灾害系统的群聚与群发特征起决定性的作用。

（3）承灾体特征

有危险性并不意味着灾害就一定存在，因为气象灾害是相对于行为主体即人类及其经济社会活动而言的，只有某致灾因子有可能作用于某地区人类生活和经济社会目标即某承灾体后，对于风险承担者来说，就承担了相对于该致灾因子和该承灾体的灾害风险。承灾体特征要素主要反映承灾体的易损性、承灾能力和可恢复性，主要包括承灾体的种类、范围、数量、密度、价值等。对于气象灾害风险形成来说，承灾体不仅决定了某种气象灾害风险是否存在，而且承灾体的性质还决定气象灾害风险的形式和大小。在国外，承灾体的灾害脆弱性或易损性被定义为"vulnerability"，且通常被理解为承灾体对破坏或损害的敏感性（susceptibility）或它被灾害事件破坏的可能性（possibility）。在这里把这种承灾体的灾害脆弱性称之为承灾体的易损性。气象灾害对承灾体的作用显然是非线性，因此承灾体易损性 V 的大小通常可表示为：

$$V = f(p, e \dots) \tag{6.2}$$

式中，V 为易损性（vulnerability）；p 为人口（person）；e 为经济（economy）。

（4）防灾减灾能力

防灾减灾措施是人类社会，特别是风险承担者用来应对灾害所采取的方针、政策、技术、方法和行动的总称，一般分为工程性防灾减灾措施和非工程性防灾减灾措施两类。人类社会的防灾减灾能力也是某种灾害风险能否产生以及产生多大风险的重要影响因素，防灾减灾能力越强，承灾体的易损性越弱，相关的灾害风险就可能越小；反之，风险越大。人类社会中各单项及综合的防灾减灾措施是为了减少承灾体的易损性，人类防灾减灾能力可用下式表示：

$$V_{dr} = f(C_e, C_{ne}) \tag{6.3}$$

式中：V_{dr} 为防灾减灾能力（capability of disaster reduction measure）；C_e 为工程性防灾能力（capability of engineering measure）；C_{ne} 为非工程性防灾能力（capability of non-engineering measure）。非工程性防灾措施包括自然灾害监测预警、政府防灾减灾决策和组织实施水平以及公众的防灾意识和能力等几个方面。

6.1.3　度量方法

气象灾害风险可以用风险度来表达，它是一个归一化的函数。常见灾害风险度有多种表达方式：风险度＝危险度＋易损度（Maskrey，1989）、风险度＝概率×损失（Smith，1996）、风险度＝危险度×结果（Deyl *et al.*，1998）、风险度＝概率＋易损度（Tobin *et al.*，1997）、风险度＝危险度×易损度（United Nations，1991）。很显然，Maskrey，Tobin 和 Montz 的表达式是欠妥的，按照风险的原始定义：损失的可能性，是自然灾害对承灾体的非线性作用产生的。自然灾害风险指未来若干年内由于自然因子变异的可能性及其造成损失的程度。多多纳裕一等认为一定区域自然灾害风险是由自然灾害危险性（hazard）、暴露性（exposure）或承灾体、承灾体的脆弱性

(vulnerability)三个因素相互综合作用而形成的。张继权等(2007)认为,制约和影响自然灾害风险的因素包括:自然灾害危险性、暴露性或承灾体、承灾体的脆弱性以及防灾减灾能力,并将其应用到自然灾害风险评价中。由于气象因子异常现象经常发生,因此,气象灾害风险是普遍存在的。气象灾害风险的大小,是由气象灾害危险性、暴露性、易损性以及防灾减灾能力这四个因子相互作用决定的。因此,宁波市气象灾害风险度的度量由下式表达:

气象灾害风险度＝危险性(H)×暴露性(E)×易损性(V)×防灾减灾能力(C)

6.1.4 风险区划的原则

气象灾害风险性是孕灾环境、脆弱性承灾体与致灾因子综合作用的结果。它的形成既取决于致灾因子的强度与频率,也取决于自然环境和社会经济背景。开展宁波市气象灾害风险区划时,主要考虑以下原则:以开展灾害普查为依据,从实际灾情出发,科学做好气象灾害的风险性区划,达到防灾减灾规划的目的,促进区域的可持续发展。

6.1.5 风险区划的方法

根据气象与气候学、农业气象学、自然地理学、灾害学和自然灾害风险管理等基本理论,采用风险指数法、层次分析法、专家决策打分法、加权综合评分法等数量化方法,在 GIS 技术和遥感技术的支持下对宁波市气象灾害风险进行分析和评价,编制气象灾害风险区划图。所需的数据主要包括宁波市及其周边常规气象站和自动气象站的气象数据、气象灾害的灾情数据(如受灾面积、经济损失、人员伤亡等)、地理空间数据和遥感数据(土地利用现状、地形、地貌、地质构造、河网分布、DEM 等)、社会经济数据(如人口、GDP 等),这些数据主要来自宁波市气象局、国土局、水利局、统计局、民政局等部门。

6.1.6 灾情损失评估方法(灰色关联度法)

灰色关联分析(Grey Relation Analysis)是我国学者邓聚龙教授于 20 世纪 80 年代前期提出的一种多因素统计分析方法,它以各因素的样本数据为依据,通过一定的数学算法得到反映和描述因素间关联性大小的量。关联度越大,则两因素间的相对变化态势(如变化大小、方向、速度等)越接近,反之相差越远。它的分析对象是"部分信息已知、部分信息未知"的"小样本""贫信息"的不确定性系统,如灾情信息系统、农业和社会经济系统等。

(1)确定灾害分级指标和分级标准

中国气象局为规范全国各气象部门气象灾情收集上报和评估工作,在 2015 年制定并下发了《气象灾情收集上报调查和评估规定》,该规定选定死亡人口、伤亡人口和直接经济损失作为气象灾情评估分级指标,将气象灾情分为较大型、大型、中型、小型、较小型五个等级。根据该气象灾情评估分级标准,结合宁波市暴雨洪涝灾情数据,能够初步定性判断出宁波市暴雨灾害等级大多出现在大型等级。然而,针对同一灾级,其相互之间的灾情差异很难比较,因此,需要一种能够定量化评估气象灾情差异程度的科学方法。灰色关联度分析法广泛运用于社会、经济等各个领域,在灾情信息系统评估工作中运用得尤为广泛,并取得很好的效果。

基于灰色关联度分析法,结合中国气象局下发的气象灾情评估分级标准,计算出宁波地区 13 个暴雨灾情案例的关联度灾度,并进行灾情损失差异比较,旨在将灾情损失评估由定性判断推进到定量计算(表 6.1)。

表 6.1　灾害分级标准

	特大型	大型	中型	小型	较小型
死亡人/人	$[100,+\infty)$	$[30,100)$	$[3,30)$	$[1,3)$	
伤亡人/人		$[100,300)$	$[30,100)$	$[10,30)$	$[1,10)$
直接经济损失/万元	$[10^5,+\infty)$	$[10^4,10^5)$	$[10^3,10^4)$	$[10^2,10^3)$	$[10^1,10^2)$

(2)气象灾情评价指标的无量纲化

现有 m 个灾情案例样本,n 项灾情评估指标,根据灾情统计数据,则 m 次灾情的 n 项评估指标矩阵 U 为:

$$U = \begin{bmatrix} u_{11} & u_{12} & \cdots & u_{1n} \\ u_{21} & u_{22} & \cdots & u_{2n} \\ \vdots & \vdots & \vdots & \vdots \\ u_{m1} & u_{m2} & \cdots & u_{mn} \end{bmatrix} \tag{6.4}$$

通常情况下,因为各指标计量单位和数量级的不同,从而导致数据具有不同的量纲,彼此之间难于比较。因此,为保证建模的质量与系统分析的正确结果,对收集来的灾情数据必须进行数据变化和处理,使其消除量纲并具有可比性,即对灾情数据资料进行无量纲化。根据气象灾情评估分级标准,结合灾情统计数据的详尽性,从经济指标、人文指标和社会指标综合考虑,本书选定死亡人口、直接经济损失、农作物受灾面积作为灾情评估分级指标。针对死亡人口及直接经济损失,依据气象灾害单指标分级标准构造转换函数,采用区间值法将灾情数据无量纲化,目的是使各单指标值都转换成 0~1 的值,并与各气象灾害等级一一对应。而针对农作物受灾面积,则采用初值化变换消除数据间量纲的影响,达到因子归一化。

根据气象灾情评估分级标准,针对死亡人口,构造转换函数,使得特大型、大型、中型、小型四个等级的无量纲化后的单指标值分别在 $[0.8,1]$、$[0.6,0.8)$、$[0.4,0.6)$、$[0.2,0.4)$ 之间,其转换函数如下:

$$y = \begin{cases} 1 & (u > 1000) \\ 0.8 + 0.2\lg(u/100) & (100 \leqslant u \leqslant 1000) \\ 0.6 + \dfrac{u-30}{350} & (30 \leqslant u < 100) \\ 0.4 + 0.2\lg(u/3) & (3 \leqslant u < 30) \\ 0.1 + 0.1u & (1 \leqslant u < 3) \end{cases} \quad (6.5)$$

同理,针对直接经济损失,构造转换函数,使得特大型、大型、中型、小型、较小型五个等级的无量纲化后的单指标值分别在$[0.8,1]$、$[0.6,0.8)$、$[0.4,0.6)$、$[0.2,0.4)$、$[0,0.2)$之间,其转换函数如下:

$$y = \begin{cases} 1 & (u > 10^6) \\ \dfrac{7}{9} + \dfrac{2}{9} \times \dfrac{u}{10^6} & (10^5 \leqslant u \leqslant 10^6) \\ \dfrac{26}{45} + \dfrac{2}{9} \times \dfrac{u}{10^5} & (10^4 \leqslant u < 10^5) \\ 0.4 + 0.2\lg(u/10^3) & (10^3 \leqslant u < 10^4) \\ 0.2 + \dfrac{u-100}{4500} & (10^2 \leqslant u < 10^3) \\ 0.2\lg(u/10) & (10 \leqslant u < 10^2) \end{cases} \quad (6.6)$$

对于农作物受灾面积,采用初值化变换,即农作物受灾面积/当年总耕地面积,使其消除量纲影响。

将 m 次灾情的 n 项评估指标矩阵 $\boldsymbol{U}$ 中的各个元素分别根据转换函数或初值化方法作相应转化,可得归一化后的评估指标矩阵 $\boldsymbol{Y}$:

$$\boldsymbol{Y} = \begin{bmatrix} y_{11} & y_{12} & \cdots & y_{1n} \\ y_{21} & y_{22} & \cdots & y_{2n} \\ \vdots & \vdots & \vdots & \vdots \\ y_{m1} & y_{m2} & \cdots & y_{mn} \end{bmatrix} \quad (6.7)$$

式中,y_{ij} 表示第 i 次灾情的第 j 项指标经过归一化消除量纲影响的函数值($i=1,2,\cdots,m$,$j=1,2,\cdots,n$)。

(3)确定基于关联度灾度的等级划分标准

为与气象灾情评估分级标准相一致,将暴雨灾害灾情划分为较小型、小型、中型、大型、特大型五个等级。各单项气象灾情评估指标值分别对应于归一化后的指标区间为$[0,0.2)$、$[0.2,0.4)$、$[0.4,0.6)$、$[0.6,0.8)$、$[0.8,1]$。将各指标区间的极大值代入灰色关联度分析法,可得较小型、小型、中型、大型、特大型 5 个灾情级别的灰色关联度的极大值分别为 0.467,0.538,0.636,0.778,1.000,标准如表 6.2 所示。

表 6.2　基于灰色关联度的气象灾情评估分级标准

等级	类型	标准
1	较小型	$r_i \leqslant 0.467$
2	小型	$0.467 < r_i \leqslant 0.538$
3	中型	$0.538 < r_i \leqslant 0.636$
4	大型	$0.636 < r_i \leqslant 0.778$
5	特大型	$r_i > 0.778$

"灾度"是为了对不同灾害进行综合分析,就其造成的破坏损失所建立的一个定量化的评估指标,并在灾情损失评估工作中应用广泛。灾度描述了自然灾害损失评估划分的定量化标准,将各单项评估指标紧密结合,同时消除各单项指标间不同的物理意义和计量单位,将自然灾害损失的评估由定性分析推进到定量计算,将灾害损失量化并评定其大小。根据灾度的大小,能够更加科学合理得评估灾情的客观等级。由此,为计算方便并能与灾害等级编号相联系,定义新的灾度 R_i 公式:

$$R_i = r_i \times 10 - 3 \tag{6.8}$$

从而可以得到表 6.3:

表 6.3　根据灰色关联度灾度的气象灾情评估分级标准

等级	类型	标准
1	较小型	$R_i \leqslant 1.67$
2	小型	$1.67 < R_i \leqslant 2.38$
3	中型	$2.38 < R_i \leqslant 3.36$
4	大型	$3.36 < R_i \leqslant 4.78$
5	特大型	$R_i > 4.78$

(4)灰色关联度模型的建立

关联度分析法是一种揭示因素间动态关联特征与程度的多因素统计分析方法,实质上根据因素间发展态势的相似或相异程度来衡量因素间关联的程度。用灰色关联度来反映各因素间关系的紧密程度,对整个灰色系统的变化态势作量化比较。关联度越大,则两因素间的相对变化态势越接近,反之相差越远。它的分析对象是"部分信息已知、部分信息未知"的不确定性系统,如灾情信息系统、农业系统、生态系统、水利及宏观经济等各方面,成为人们认识和改造客观系统的一个新的科学理论方法。

定义 $Y_0 = \{y_{01}, y_{02}, \cdots, y_{0n}\}$ 为参考序列,令其为 1。其中 Y_0 的含义为:各灾情评估指标的函数值都是 1,即灾情损失最大时的函数转换值,$Y_i = y_{ij}(j = 1, 2, \cdots, n)$ 为比较序列。定义求差序列如下:

$$\Delta_{0i}(j) = |Y_0 - Y_i| \tag{6.9}$$

计算参考序列 U_0 与比较序列 U_i 的第 j 项指标间绝对差值的最大值和最小值:

$$\Delta_{\max} = \max_i \max_j |Y_{0j} - Y_{ij}|$$ (6.10)
$$\Delta_{\min} = \min_i \min_j |Y_{0j} - Y_{ij}|$$

关联系数是描述比较序列与参考序列间关联程度的一种指标,各比较序列与参考序列的关联系数 $\xi_i(j)$,可由下式计算得:

$$\xi_i(j) = \frac{(\Delta_{\min} + \rho\Delta_{\max})}{\Delta_{0i}(j) + \rho\Delta_{\max}}$$ (6.11)

式中 ρ 为分辨系数,一般取值 $0.1 \sim 0.5$,此处取 $\rho = 0.5$。当比较序列的某单项指标与参考序列间的关联系数越大,意味着该单项指标越接近于参考序列同项指标的函数值,说明越接近于标准的极重灾,灾情越重,等级越高。由于各单项指标均有关联系数,信息比较分散,不便于序列间的比较,因此,把各单项指标的关联系数集中为一个平均值,即为关联度。关联度是描述比较序列和参考序列间关系程度的特征量。

对各单项指标的关联系数求其平均值,计算关联度 r_i:

$$r_i = \frac{1}{n}\sum_{j=1}^{n}\xi_i(j)$$ (6.12)

关联度的大小反映灾情的轻重,关联度越大,则说明灾情越重,灾害等级越高。反之,关联度越小,说明灾情越轻,灾害等级越低。利用关联度的计算结果,可以对不同灾害和同一灾级的灾情损失差异作比较。

(5)宁波地区暴雨灾情案例计算结果分析

从宁波市暴雨洪涝灾情数据库中选取 13 个较为详尽的灾情案例(1988—2013年),将各灾情评估指标的数据进行归一化,消除量纲的影响,然后根据灰色关联度分析法计算出关联度,由灾度公式得到关联度灾度,进行损失评估(表 6.4,表 6.5)。

表 6.4　宁波地区 1988—2013 年 13 个暴雨灾情案例数据

序号	日期	死亡人数/人	直接经济损失/万元	农作物受灾面积/hm²
1	1988 - 07 - 30	183	46000	28000
2	1989 - 08 - 23	16	13718.5	37334
3	1994 - 06 - 18	5	6000	30433
4	1998 - 09 - 11	0	362	4053
5	2004 - 08 - 13	5	9890	3210
6	2005 - 08 - 07	4	26970	4840
7	2005 - 09 - 12	13	41780	753
8	2007 - 10 - 09	0	15282	613
9	2008 - 08 - 05	0	2370	1400
10	2009 - 08 - 02	0	1100	2600
11	2009 - 08 - 10	4	10000	3467
12	2012 - 08 - 09	2	50000	5467
13	2013 - 10 - 11	0	3336200	120000

表 6.5　无量纲化后的灾情评估指标及关联度灾度

序号	日期	死亡人口	直接经济损失	农作物受灾面积	关联度灾度
1	1988 - 07 - 30	0.912	0.833	0.118	5.81
2	1989 - 08 - 23	0.545	0.627	0.157	4.89
3	1994 - 06 - 18	0.444	0.556	0.129	4.36
4	1998 - 09 - 11	0	0.312	0.017	2.86
5	2004 - 08 - 13	0.444	0.599	0.014	3.98
6	2005 - 08 - 07	0.425	0.686	0.021	4.22
7	2005 - 09 - 12	0.527	0.724	0.003	4.49
8	2007 - 10 - 09	0	0.637	0.002	3.47
9	2008 - 08 - 05	0	0.475	0.005	3.09
10	2009 - 08 - 02	0	0.408	0.011	2.99
11	2009 - 08 - 10	0.425	0.601	0.015	3.96
12	2012 - 08 - 09	0.300	0.739	0.023	3.86
13	2013 - 10 - 11	0	0.998	0.298	5.57

根据关联度灾度的大小对这 13 个灾情案例进行比较排序,由大到小分别为 R_1、R_{13}、R_2、R_7、R_3、R_6、R_5、R_{11}、R_{12}、R_8、R_9、R_{10}、R_4。由计算结果分析,R_i 最大为 5.81,出现在 1988 年 7 月 30 日,根据灾情资料的记录,1988 年 7 月 29 日深夜,受东风波系统影响,宁海、奉化、鄞州、余姚等地发生罕见特大暴雨,暴雨强度为 160 年一遇,宁海的凫溪、黄坛溪、白溪三大溪流同时产生特大洪水,宁海、奉化、鄞州、余姚的 60 多个乡镇,1200 个村庄受灾,受灾人口 58 万人,受淹农田 47.39 万亩,死 183 人,伤 416人,全市直接经济损失 4.6 亿元。R_i 其次为 5.57,出现在 2013 年 10 月 11 日,受"菲特"特大暴雨影响,全市直接经济损失 333.62 亿元,虽无人员伤亡,但经济损失和社会影响巨大。R_i 第三为 4.89,出现在 1989 年 8 月 23 日,根据灾情资料的记录,1989年 8 月 23 日宁波全市受灾农作物 21 万亩,直接经济损失达 13718.5 万元,受灾人口 97 万人,死亡人数 16 人,全市水利工程毁坏数合计 57 处,倒塌房屋合计 500 间,受淹农作物共 22 万亩,暴雨导致三山、昆亭涛头等地区局部山洪暴发。宁波市遭受了百年罕见的洪涝灾害,损失惨重,属于特大型暴雨灾害等级,与关联度灾度评定结果一致。R_i 最小为 2.86,出现在 1998 年 9 月。根据灾情资料,1989 年 9 月 11 日宁波市因暴雨造成 362 万元直接经济损失,受淹农作物面积 6.08 万亩,但无人员死亡,属于较小等级,说明关联度灾度的结果能够客观反映出实际灾情的严重程度。基于灰色关联度灾度分析法,不仅能对不同灾级的灾情差异作分析,还能够对同一灾级的不同灾情案例作损失差异比较。例如,2004 - 08 - 23、2005 - 08 - 07、2005 - 09 - 12及 2007 - 10 - 09 四处灾情案例虽同属于大型灾害等级,人为主观判断很难比较之间的灾情差异,但根据关联度灾度的计算结果,可知 2005 年 9 月 12 日的暴雨灾情相对比较严重,2007 年 10 月 9 日的暴雨灾情相对轻微。根据灾害等级划分标准,灾度为

3.36 以上灾害等级为大型的暴雨灾害共 10 场：1 号（5.81）、13 号（5.57）、2 号（4.89）、3 号（4.36）、5 号（3.98）、6 号（4.22）、7 号（4.49）、8 号（3.47）、11 号（3.96）、12 号（3.86），灾害等级为中型的暴雨灾害共 3 场：4 号（2.86）、9 号（3.09）、10 号（2.99），与实际灾情相一致。灰色关联度分析法既避免了人为判断的主观任意性，将灾害损失量化并评定其大小，又将灾情损失评估指标紧密联系，能够对不同灾害和同一灾级的灾情差异程度作差异比较。

6.2 气象灾害风险区划指标与风险模型

6.2.1 气象灾害风险区划评价指标的选取

气象灾害的致灾因子主要是能够引发灾害的气象事件，对气象灾害致灾因子的分析，主要考虑引发灾害的气象事件出现的时间、地点和强度。气象灾害强度、出现概率来自宁波常规气象站和区域自动站的气象要素资料，包括降水、温度、风、冰雹、低能见度、冰冻、大雪等致灾因子的出现概率和分布。

孕灾环境与承灾体潜在易损性，包括人类社会所处的自然地理环境条件（地形地貌、地质构造、DEM、河流水系分布、土地利用现状），经济社会条件（人口分布、经济发展水平等），人类的防灾抗灾能力（防灾设施建设，灾害预报警报水平，减灾决策与组织实施的水平）。

6.2.2 气象灾害风险区划评价指标的量化

根据不同灾种风险概念框架选取不同的指标。由于所选指标的单位不同，为了便于计算，选用以下公式将各指标量化成可计算的 0～10 的无向量指标：

$$X'_{ij} = \frac{X_{ij} \times 10}{X_{imaxj}} \tag{6.13}$$

式中：X'_{ij} 与 X_{ij} 相应表示像元 j 上指标 i 的量化值和原始值，X_{imaxj} 表示指标 i 在所有像元中的最大值。

6.2.3 风险模型的建立

考虑致灾因子危险性、孕灾环境、承灾体脆弱性和灾害防御能力，建立如下灾害风险指数评估模型：

$$DRI = (HW_H)(EW_E)(VW_V)[0.1(1-a)R+a] \tag{6.14}$$

$$H = \sum W_{Hk} X_{Hk}$$

$$E = \sum W_{Ek} X_{Ek}$$

$$V = \sum W_{Vk} X_{Vk}$$

$$R = \sum W_{Rk} X_{Rk}$$

式中：DRI 是各灾种灾害风险指数；H、E、V、R 分别表示致灾因子危险性、孕灾环境、承灾体脆弱性和防御能力因子指数；W_H，W_E，W_V，W_R 相应地表示其权重；X_k 是指标 k 量化后的值；W_k 为指标 k 的权重，表示各指标对形成气象灾害风险的主要因子的相对重要性；变量 a 是常数，用来描述防灾减灾能力对于减少总的 DRI 所起的作用，考虑宁波的实际情况，将 a 确定为 0.8。

灾害区划是灾害普查结果的体现。以宁波市历史灾情资料为依据，结合各种气象要素资料，通过层次分析法、专家决策打分等方法找出各评价因子的影响程度，建立适当的模型，计算各灾种的风险系数；结合本地实际情况，在 GIS 技术、遥感技术和空间数据库的支持下，计算各灾种风险系数的空间分布。

6.2.4 综合风险区划模型的建立

$$IDRI = \sum DRI_k W_k \tag{6.15}$$

式中：$IDRI$ 是气象灾害综合风险指数，DRI_k 是灾种 k 的风险指数，W_k 为灾种 k 的权重，是根据宁波每个灾种的损失情况，采用层次分析法和专家决策打分法赋予热带气旋(台风)、暴雨洪涝、干旱、大风、低温雨雪冰冻、高温、雷电、冰雹、大雾等的权重，计算气象灾害综合风险系数。

利用灾情评估模型，结合历史灾情资料，在层次分析、统计聚类分析、专家决策打分等方法的基础上，确定各灾种各风险等级所占面积比例。最终在 GIS 技术的支持下，确定不同风险等级的空间分布状况，绘制气象灾害的风险区划图。

第 7 章

热带气旋(台风)与暴雨
灾害风险区划

7.1 权重因子的确定

7.1.1 层次分析法概述

层次分析法(AHP法)是一种解决多目标的复杂问题的定性与定量相结合的决策分析方法。该方法将定量分析与定性分析结合起来,用决策者的经验判断各衡量目标能否实现基于标准的相对重要程度,并合理地给出每个决策方案的每个标准的权数,利用权数求出各方案的优劣次序,比较有效地应用于那些难以用定量方法解决的课题。

层次分析法是社会、经济系统决策中的有效工具,其特征是合理地将定性与定量的决策结合起来,按照思维、心理的规律把决策过程层次化、数量化,是系统科学中常用的一种系统分析方法。

该方法自1982年被介绍到我国以来,以其定性与定量相结合地处理各种决策因素的特点,以及其系统灵活简洁的优点,迅速地在我国社会经济各个领域内,如工程计划、资源分配、方案排序、政策制定、冲突问题、性能评价、能源系统分析、城市规划、经济管理、科研评价等,得到了广泛的重视和应用。

7.1.2 层次分析法的基本原理

层次分析法根据问题的性质和要达到的总目标,将问题分解为不同的组成因素,并按照因素间的相互关联影响以及隶属关系将因素按不同层次聚集组合,形成一个多层次的分析结构模型,从而最终使问题归结为最低层(供决策的方案、措施等)相对于最高层(总目标)的相对重要权值的确定或相对优劣次序的排定。

7.1.3 层次分析法的步骤和方法

运用层次分析法构造系统模型时,大体可以分为以下四个步骤。

(1)建立层次结构模型

将决策的目标、考虑的因素(决策准则)和决策对象按它们之间的相互关系分为最高层、中间层和最低层,绘出层次结构图。

最高层:决策的目的、要解决的问题。

最低层:决策时的备选方案。

中间层:考虑的因素、决策的准则。

对于相邻的两层,称高层为目标层,低层为因素层。

层次分析法所要解决的问题是关于最低层对最高层的相对权重问题,按此相对权重可以对最低层中的各种方案、措施进行排序,从而在不同的方案中做出选择或形成选择方案的原则。

(2)构造判断(成对比较)矩阵

在确定各层次各因素之间的权重时,如果只是定性的结果,则常常不容易被别人接受,因而 Santy 等人提出一致矩阵法,即:

①不把所有因素放在一起比较,而是两两相互比较。

②对此时采用相对尺度,以尽可能减少性质不同的诸因素相互比较的困难,以提高准确度。

判断矩阵是表示本层所有因素针对上一层某一个因素的相对重要性的比较,判断矩阵的元素 a_{ij} 用 Santy 的 1～9 标度方法给出(表 7.1)。

心理学家认为成对比较的因素不宜超过 9 个,即每层不要超过 9 个因素。

表 7.1　判断矩阵元素 a_{ij} 的标度方法

标度	含义
1	表示两个因素相比,具有同样重要性
3	表示两个因素相比,一个因素比另一个因素稍微重要
5	表示两个因素相比,一个因素比另一个因素明显重要
7	表示两个因素相比,一个因素比另一个因素强烈重要
9	表示两个因素相比,一个因素比另一个因素极端重要
2、4、6、8	上述两相邻判断的中值
倒数	因素 i 与 j 比较的判断 a_{ij},则因素 j 与 i 比较的判断 $a_{ji}=1/a_{ij}$

(3)层次单排序及其一致性检验

对应于判断矩阵最大特征根 $\lambda_{\max}$ 的特征向量,经归一化(使向量中各元素之和等于 1)后记为 W。W 的元素为同一层次因素对于上一层次因素某因素相对重要性的排序权值,这一过程称为层次单排序。

能否确认层次单排序,需要进行一致性检验,所谓一致性检验是指对 A 确定不一致的允许范围。

定理:n 阶一致阵的唯一非零特征根为 n。

定理:n 阶正互反阵 A 的最大特征根 n,当且仅当 $\lambda=n$ 时 A 为一致性。

由于 λ 连续地依赖于 a_{ij},则 λ 比 n 大的越多,A 的不一致性越严重。用最大特征值对应的特征向量作为被比较因素对上层某因素影响程度的权向量,其不一致程度越大,引起的判断误差越大。因而可以用 $\lambda-n$ 数值的大小来衡量 A 的不一致程度。

定义一致性指标：

$$CI = \frac{\lambda - n}{n - 1} \qquad (7.1)$$

$CI=0$，有完全的一致性；

CI 接近于 0，有满意的一致性；

CI 越大，不一致越严重；

为衡量 CI 的大小，引入随机一致性指标 RI，方法为随机构造 500 个成对比较矩阵 $A_1,A_2,\cdots,A_{500}$。

则可得一致性指标 $CI_1,CI_2,CI_3,\ldots,CI_{100}$。

$$RI = \frac{CI_1 + CI_2 + \ldots + CI_{500}}{500} = \frac{(\lambda_1 + \lambda_2 + \cdots + \lambda_{500})/500 - n}{n - 1} \qquad (7.2)$$

定义一致性比率：

$$CR = \frac{CI}{RI} \qquad (7.3)$$

一般来说，当一致性比率 $CR = \dfrac{CI}{RI} < 0.1$ 时，认为 A 的不一致程度在容许范围之内，有满意的一致性，通过一致性检验。可用其归一化特征向量作为权向量，否则要重新构造成对比较矩阵 A，对 a_{ij} 加以调整。

一致性检验：利用一致性指标和一致性比率<0.1及随机一致性指标的数值表，对进行检验的过程。

（4）层次总排序及其一致性检验

计算某一层次所有因素对于最高层（总目标）相对重要性的权值，称为层次总排序。这一过程是从最高层次到最低层次依次进行的。

$$CR = \frac{a_1 CI_1 + a_2 CI_2 + \ldots + a_m CI_m}{a_1 RI_1 + a_2 RI_2 + \ldots a_m RI_m} \quad (CR < 0.1) \qquad (7.4)$$

进行检验，若通过，则可按照总排序权向量表示的结果进行决策，否则需要重新考虑模型或重新构造那些一致性比率较大的成对比较矩阵。

7.1.4　层次分析法的广泛应用

应用领域：经济计划和管理、能源政策和分配、人才选拔和评价、生产决策、交通运输、科研选题、产业结构，教育、医疗、环境、军事等。

处理问题类型：决策、评价、分析、预测等。

建立层次分析结构模型是关键一步，要有主要决策层参与。

构造成对比较阵是数量依据，应由经验丰富、判断力强的专家给出。

7.1.5　应用层次分析法的注意事项

层次分析法的优点：

系统性——将对象视作系统,按照分解、比较、判断、综合的思维方式进行决策,成为继机理分析、统计分析之后发展起来的系统分析的重要工具。

实用性——定性与定量相结合,能处理许多用传统的最优化技术无法着手的实际问题,应用范围很广,同时,这种方法使得决策者与决策分析者能够相互沟通,决策者甚至可以直接应用它,这就增加了决策的有效性。

简洁性——计算简便,结果明确,具有中等文化程度的人即可以了解层次分析法的基本原理并掌握该法的基本步骤,容易被决策者了解和掌握。便于决策者直接了解和掌握。

层次分析法的局限:

囿旧——只能从原有的方案中优选一个出来,没有办法得出更好的新方案。

粗略——该法中的比较、判断以及结果的计算过程都是粗糙的,不适用于精度较高的问题。

主观——从建立层次结构模型到给出成对比较矩阵,人主观因素对整个过程的影响很大,这就使得结果难以让所有的决策者接受。当然采取专家群体判断的办法是克服这个缺点的一种途径。

7.2 热带气旋(台风)灾害综合风险区划

7.2.1 热带气旋(台风)灾害风险特征

(1)热带气旋(台风)灾害风险的特征

热带气旋(台风)灾害是自然界的台风作用于人类社会的产物,是对人类和社会经济造成损失的事件。张继权等(2007)认为,制约和影响自然灾害风险的因素包括:自然灾害危险性、暴露性或承灾体、承灾体的脆弱性以及防灾减灾能力,并将其应用到气象灾害风险评价中,得到气象灾害风险的中文及其数学计算公式:

气象灾害风险度＝危险性(度)×暴露性(受灾财产价值)×脆弱性(度)×防灾减灾能力

热带气旋(台风)灾害危险性,是指热带气旋(台风)灾害异常程度,主要是由热带气旋(台风)危险因子活动规模(强度)和活动频次(概率)决定的。一般热带气旋(台风)危险因子强度越大,频次越高,热带气旋(台风)灾害所造成的破坏损失越严重,热带气旋(台风)灾害的风险也越大。

暴露性或承灾体,是指可能受到热带气旋(台风)危险因子威胁的所有人和财产,如人员、房屋、农作物、生命线等。一个地区暴露于热带气旋(台风)危险因子的人和财产越多即受灾财产价值密度越高,可能遭受潜在损失就越大,热带气旋(台风)灾害风险越大。

承灾体的脆弱性,是指在给定危险地区存在的所有任何财产,由于潜在热带气旋(台风)危险因素而造成的伤害或损失程度,其综合反映了热带气旋(台风)灾害的损失程度。

一般承灾体的脆弱性越高,热带气旋(台风)灾害损失越大,热带气旋(台风)灾害风险越大,反之亦然。承灾体的脆弱性的大小,既与其物质成分、结构有关,也与防灾力度有关。

防灾减灾能力,表示受灾区在短期和长期内能够从热带气旋(台风)灾害中恢复的程度,包括应急管理能力、减灾投入、资源准备等。防灾减灾能力越高,可能遭受潜在损失就越小,热带气旋(台风)灾害风险越小。

(2)模糊综合评价法在台风灾害综合风险评价中的应用

模糊综合评价模型(王新洲 等,2003.)是以模糊变换理论为基础,以模糊推理为主的定性和定量相结合、精确与非精确相统一的综合分析方法,目前在多指标综合评价应用较广。本节通过 GIS 空间叠置技术,基于海量的多源栅格数据,建立了基于 GIS 的模糊综合评价模型,并实现了对台风灾害风险的区划。

①模糊集合理论

经典数学中的普通集合对应于二值逻辑,表现为布尔代数,即对于元素 x 属于还是不属于某一集合,非常的明确,毫不含糊。例如:对于三角形集合,锐角三角形、直角三角形和钝角三角形都属于这一集合,它们的特征值都是 1,而正方形不属于三角形集合,它的特征值是 0。然而对于一些模糊概念,它"是和不是""属于和不属于"界限并不那么清晰,例如,一个人是属于"好人",还是属于"坏人",往往难以用 1 和 0 来划分,一个具体的人,他既有好的一面,也有不好的一面,只是属于"好人"和属于"坏人"的程度不同而已。针对这类模糊性概念,查德(L. A. Zadeh)提出了模糊集合理论。

查德(L. A. Zadeh)的模糊集合定义如下:论域 U 上的模糊集合 A,是以实值函数 $\mu_A(x)$ 为特征的集合,也就是说对于任意的 $x \in U$ 都有一个 $\mu_A(x) \in [0,1]$ 与之对应。μ_A 称为 A 的隶属函数,$\mu_A(x)$ 表示 x 对于 A 的隶属程度,其中 $\mu_A(x)=1$ 表示 x 完全属于 A,$\mu_A(x)=0$ 表示 x 完全不属于 A。由此可见,模糊集合由其隶属函数确定,隶属函数不过是经典集合中特征函数的推广。

②隶属度函数

隶属度用于表征元素的模糊性(李京 等,2007),是元素对模糊集合隶属程度大小的数学指标,因此,解决模糊问题的关键就是确定隶属度在处理涉及模糊概念的实际问题时一般要先确定隶属度函数,而隶属度函数往往又不能直接获得,这时往往使用推理的方法近似地确定隶属度函数,其确定过程从本质上来说是客观的,但不同的人对于同一个模糊概念的认识理解会存在差异,因此,推理的过程容许有一定的人为技巧,有时这种人为技巧对问题的解决起着决定作用。尽管如此人为技巧应该是合乎情理的,不能有悖于客观实际。常见确定隶属度函数的方法有:模糊统计法,典型函数法,增量法,多项模糊统计法,择优比较法和绝对比较法。

③权重系数

确定权重的方法很多(黄崇福 等,1995),主要包括专家经验估计法、调查统计法、层次分析法、模糊逆方程法、序列综合法等。上述方法中,层次分析法在确定权重系数方面的准确性相对较好,其所需数据量较少、评分花费的时间短、计算工作量小、易于理解和掌握,因而得到了广泛的运用。

7.2.2 热带气旋(台风)灾害综合风险区划

致灾因子、孕灾环境、承灾体及防灾能力的相互作用共同对热带气旋(台风)灾害风险的时空分布、易损程度造成影响,灾害形成就是承灾体不能适应或调整环境变化的结果,总之,在热带气旋(台风)灾害风险评价的过程中,这四者缺一不可。综合了影响宁波市热带气旋(台风)灾害的致灾因子、孕灾环境、承灾体及防灾能力,并运用已建立的GIS 模糊综合评价模型将台风灾害风险划分为低风险、次低风险、中等风险、次高风险及高风险五个等级,实现对宁波市热带气旋(台风)灾害风险的综合区划。

(1)区划指标集的确定

参考有关热带气旋(台风)灾害风险的研究成果以及前几章对热带气旋(台风)灾害风险准则层(致灾因子、孕灾环境、承灾体及防灾能力)的深入分析,选择热带气旋(台风)大风危险性指数、热带气旋(台风)暴雨危险性指数、高程、地形起伏度、河网密度、植被覆盖度、地质灾害危险度、人口密度、农业产值、道路密度、地均 GDP、农业用地比重、财政收入、农民人均收入、医疗工伤参保人数、医院病床位、医疗救护人员、农林水利财政投入以及医疗卫生财政投入共 19 个影响因素为区划指标集,并且每个指标都是经过 GIS 空间处理后的栅格数据层,栅格分辨率为 $100\ \mathrm{m} \times 100\ \mathrm{m}$,即:

$$\boldsymbol{M} = \{grid_1, grid_2, \cdots, grid_{19}\} \tag{7.5}$$

(2)区划指标等级集的确定

将宁波热带气旋(台风)灾害风险划分 5 个评价等级:低风险、次低风险、中等风险、次高风险及高风险五个等级,构成评价等级集:

$$\boldsymbol{N} = \{n_1, n_2, \cdots, n_5\} \tag{7.6}$$

通过自然间断法将的各风险影响因子进行间隔划分,每个栅格数据都有 5 个间隔点 D_1, D_2, D_3, D_4, D_5。其余风险指标间隔划分类似。

(3)隶属函数的建立

根据模糊数学的分段线性函数(降、升半梯形和三角形)来确定每一个指标 i 的隶属函数 F_i,每一级 j 的子隶属函数 f_i(图 7.1),对评价指标进行模糊子集划分,建立了相应的线性隶属函数:

$$F_i = \{f_1, f_2, \cdots, f_j\} \tag{7.7}$$

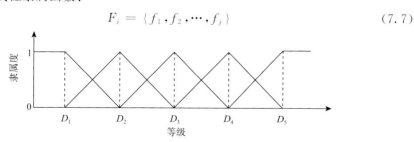

图 7.1 模糊分类的隶属函数

仍以高程为例,根据前文分析,地势较低比地势较高的地区更容易遭受台风洪涝的侵袭,即绝对高程越低的地方,洪涝危险性越大。因此,高程的隶属函数的建立如下:

$$f_1 = \begin{cases} 0 & (x \leqslant 15.5) \\ \dfrac{x-15.5}{16.5-15.5} & (15.5 < x < 16.5) \\ 1 & (x \geqslant 16.5) \end{cases}$$

$$f_2 = \begin{cases} 0 & (x \leqslant 14.5 \text{ 或 } x \geqslant 16.5) \\ \dfrac{x-14.5}{15.5-14.5} & (14.5 < x < 15.5) \\ 1 & (x = 15.5) \\ \dfrac{16.5-x}{16.5-15.5} & (15.5 < x < 16.5) \end{cases}$$

$$f_3 = \begin{cases} 0 & (x \leqslant 13 \text{ 或 } x \geqslant 15.5) \\ \dfrac{x-13}{14.5-13} & (13 < x < 14.5) \\ 1 & (x = 14.5) \\ \dfrac{15.5-x}{15.5-14.5} & (14.5 < x < 15.5) \end{cases}$$

$$f_4 = \begin{cases} 1 & (x \leqslant 13) \\ \dfrac{14.5-x}{14.5-13} & (13 < x < 14.5) \\ 0 & (x \geqslant 14.5) \end{cases}$$

根据隶属函数,计算出 M 中的各指标相对评价集 N 各等级的隶属度,构成 $i \times j$ 阶隶属关系矩阵 $\boldsymbol{R}$:

$$\boldsymbol{R} = \begin{bmatrix} grid_{11} & grid_{21} & \cdots & grid_{i1} \\ grid_{12} & grid_{22} & \cdots & grid_{i2} \\ \vdots & \vdots & \vdots & \vdots \\ grid_{1j} & grid_{2j} & \cdots & grid_{ij} \end{bmatrix} \tag{7.8}$$

(4)确定区划指标的权重向量

热带气旋(台风)灾害风险评价指标体系的权重通过层次分析法(AHP)来确定,计算方法在前面已经阐述。为了简便和快速地得到权重值,运用 DPS 软件计算台风灾害评价体系各指标的权重,从建立层次结构模型到构造判断矩阵再到计算检验,并根据 M 中各风险评价指标的重要性,确定权重向量 $\boldsymbol{B}$:

$$\boldsymbol{B} = [b_1, b_2, \cdots, b_i] \tag{7.9}$$

表 7.2　宁波市热带气旋(台风)综合风险区划评价指标权重

目标层	权重	准则层	权重	评价层	权重
宁波市台风灾害综合风险	1	致灾因子	0.3301	台风大风危险性指数	0.1381
				台风暴雨危险性指数	0.1920
		孕灾环境	0.2068	高程	0.0827
				森林	0.0414
				水体	0.0827
		承灾体	0.2883	农业产出	0.0206
				地均 GDP	0.0206
				人口密度	0.0206
				农业用地	0.1071
				建筑	0.1194
		防灾能力	0.1748	农业收入	0.0250
				财政收入	0.0250
				农林水利财政投入	0.0250
				医疗保险参保人数	0.0250
				卫生技术人员	0.0250
				卫生机构数	0.0249
				医疗床数	0.0249

(5)加权合成

将模糊权重向量 $\boldsymbol{B}$ 与模糊关系矩阵 $\boldsymbol{R}$ 进行合成运算,利于 GIS 平台中的栅格叠置分析功能进行权重向量与隶属关系矩阵的合成运算,得到 5 个模糊综合评价结果向量栅格图像:

$$\boldsymbol{A} = \boldsymbol{B} \cdot \boldsymbol{R} = [a_1, a_2, \cdots, a_5] \qquad (7.10)$$

(6)结果向量处理

对结果向量 $\boldsymbol{A}$ 按最大隶属度法取 $grid_{max}$,$grid_{max}$ 则隶属于评判等级 N 中的某个等级,就得到所需要的模糊价值分类,即宁波市热带气旋(台风)灾害风险区划等级。

从热带气旋(台风)灾害综合风险区划图(图 7.2)中反映,宁波市热带气旋(台风)灾害风险等级与宁波各地台风灾情分布状况是一致的。风险度高和次高的区域主要分布在象山东南、宁海西南、北仑部分、四明山区以及老市区和余姚城区,由于这些区域或地处东部沿海和山区,受热带气旋(台风)侵袭频率较高或暴雨强,经常发生热带气旋(台风)暴雨及强风天气,或城区地势低平,河网密布,为热带气旋(台风)洪涝多发区,加之人口密度大,经济总量高,因此,热带气旋(台风)灾害风险较高。

宁波市中等风险区域集中在余姚部分、象山港两岸。象山港位于宁波中南部,余姚属浙东盆地山区和浙北平原交叉地区,地势南高北低,中间微陷。

热带气旋(台风)灾害次低风险和低风险区域位于慈溪大部、奉化东北部和鄞州部分平原地区。慈溪位于台风影响边缘区,常年热带气旋(台风)发生频率相对较少,奉化东北部和鄞州部分地区少山区,不容易引发滑坡、泥石流等地质灾害。

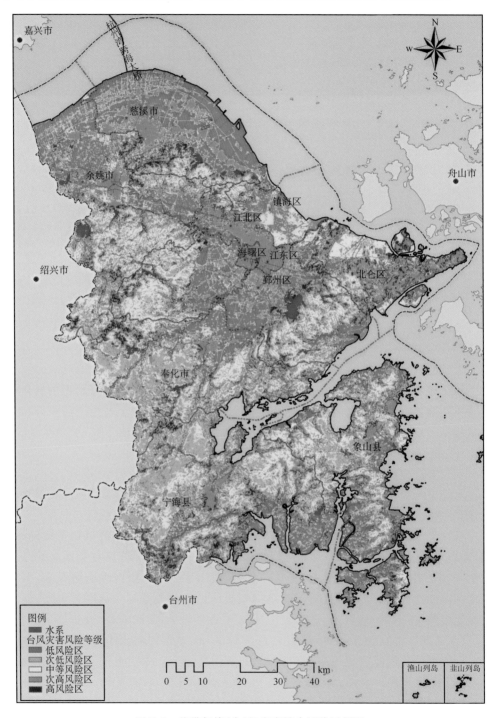

图 7.2　热带气旋(台风)灾害综合风险区划图

7.3 暴雨洪涝灾害综合风险区划

通过对暴雨洪涝灾害的致灾因子的危险性、孕灾环境的脆弱性、承灾体的易损性和对暴雨洪涝灾害的防灾减灾能力对宁波暴雨洪涝灾害的综合风险分析评估,在前面热带气旋(台风)暴雨洪涝灾害的章节中对宁波暴雨洪涝灾害孕灾环境的脆弱性、承灾体的易损性和对暴雨洪涝灾害的防灾减灾能力已作了详尽的分析,对梅雨暴雨和强对流暴雨灾害而言,这些基本是一致的,因此,在进行宁波暴雨洪涝综合风险区划只要将暴雨洪涝灾害的致灾因子的危险性、孕灾环境的脆弱性、承灾体的易损性和对暴雨洪涝灾害的防灾减灾能力加以综合即可。

7.3.1 暴雨洪涝灾害指标选取及网格化

宁波市暴雨洪涝灾害风险评价指标体系的致灾因子的危险性、孕灾环境的脆弱性、承灾体的易损性和对暴雨洪涝灾害的防灾减灾能力的权重,本节通过层次分析法(AHP)来确定,并运用 DPS 软件计算宁波市暴雨洪涝灾害评价体系各指标的权重,从建立层次结构模型到构造判断矩阵再到计算检验,并根据各风险评价指标的重要性,确定权重向量,再叠加各项指标绘制宁波市暴雨洪涝综合风险区划图。

(1)筛选暴雨洪涝灾害风险区划指标

根据暴雨洪涝灾害风险区划原则和方法,考虑致灾因子危险性、孕灾环境敏感性、承灾体脆弱性和防灾减灾能力四个方面的影响,综合确立风险评价指标。

①致灾因子。主要指暴雨洪涝影响程度和范围,是暴雨洪涝灾害产生的原动力和先决条件。选取暴雨年平均日数($d \cdot a^{-1}$)和日最大降水量(mm)为暴雨洪涝灾害的致灾因子。

②孕灾环境。主要指暴雨洪涝影响地区的地形状况、植被覆盖、河网密度等自然条件,它们在一定程度上能减弱或加强暴雨洪涝致灾因子及其衍生灾害。主要考虑高程 DEM(m)、地形起伏(地形标准差,无量纲)、坡度(°)、植被覆盖度(无量纲)与河网密度($km \cdot m^{-2}$)等因子,植被覆盖度(LC)的计算公式为:

$$LC = \frac{NDVI - NDVI_{min}}{NDVI_{max} - NDVI_{min}} \tag{7.11}$$

式中,$NDVI$ 表示栅格图像的归一化植被指数,$NDVI_{max}$ 表示区域内的最大归一化植被指数,$NDVI_{min}$ 表示区域内的最小归一化植被指数。

③承灾体。承灾体主要指暴雨洪涝灾害作用的对象。主要考虑人口密度(人·km^{-2})、地均产值(万元·km^{-2})、暴雨洪涝灾害对土地利用类型的潜在易损性(无量纲)等因子。

④防灾减灾能力。防灾减灾能力主要是指防御暴雨洪涝灾害的能力。主要考虑地均财政收入(万元·km^{-2})。

（2）灾级指数的因子选取

暴雨洪涝灾害造成的损失最终归结为人员伤亡和财产损失两个方面。将死亡人数、受灾人数、直接经济损失和农作物受灾面积 4 个因子作为灾级指数评价因子。

（3）风险区划因子的网格化

在 GIS 平台上，将所有风险区划因子落实到 100 m×100 m 的网格上进行处理。该网格方法弥补了传统的行政区规模的局限性问题，提高了其准确性，使研究结果更加科学。对于暴雨年平均日数，利用反距离加权方法进行插值，获取像元大小为 100 m×100 m 的栅格数据；对地形起伏（地形标准差）、坡度与植被覆盖度等栅格数据因子，如果像元大小不是 100 m×100 m，将其重采样为 100 m×100 m；对于河网密度，利用河网分布面状矢量图计算每个网格（100 m×100 m）的河网面积。另外，对于承灾体和防灾减灾能力的网格化，应用基于精细网格的承灾体综合脆弱性量化计算模型实现。

7.3.2 暴雨洪涝风险评价模型的建立

（1）隶属函数构建

隶属函数一般用来刻画模糊集，它是通过模糊评价矩阵来量化模糊性事物。常用的隶属度函数以三角形分布、梯形分布、正态分布、抛物线分布等函数为主。灾害系统是一个复杂的系统，灾害风险与固有的不确定性特征很难用精确的数字来表示。因此，采用隶属函数的方法量化灾害风险。根据选取的指标的特点分别选取升、降半梯形和三角形隶属函数的分布结构评价风险水平。各评价因子指标根据评价标准选取 5 个分割点，根据升、降半梯形和三角形隶属函数分别计算各评价指标归属于对应的每个级别（1 级、2 级、3 级、4 级或 5 级）的值。1～5 级分别代表低、次低、中等、次高和高影响标准。其中，对于致灾因子和承灾体指标采用递增型模糊隶属函数，孕灾环境和防灾减灾能力指标采用递减型模糊隶属函数。

（2）基于 AHP 熵权法的权重确定

确定洪涝灾害风险影响因子的权重是洪涝灾害风险区划的重点和难点之一。层次分析法（AHP）是一种主观的、对指标进行定性定量分析的方法，特别适用于那些难以完全定量分析的问题。然而，该方法确定各层次权重对专家经验水平要求较高，评价结果可能因人为主观因素形成偏差。信息熵权方法是一种客观权重方法，可用来消除应用层次分析时各指标权重计算的人为干扰，被广泛应用于确定综合评价各指标的权重。但该方法往往改变了原始评价问题各指标值的比例关系，没有考虑各指标权重之间的一致性。因此，本节采用 AHP 熵权法，分别利用层次分析法和信息熵权方法确定致灾因子、孕灾环境、承灾体和防灾减灾能力的主观指标权重和客观指标权重，再利用最小相对信息熵原理，最终得到风险评价因子的综合权重，该方法可减少主观和客观的影响。

联合权重(W)计算式为:

$$W_j = (W_{1j} \times W_{2j})^{1/2} / \sum (W_{1j} \times W_{2j})^{1/2} \qquad (7.12)$$

式中,W_{1j}为第j个影响因子的主观权重,W_{2j}为第j个影响因子的客观权重。

(3)模糊综合评价

当模糊矩阵$\boldsymbol{U}$和对应的权重确定后,可采用模糊变化得到各风险因子值R,即:

$$R = W \times \boldsymbol{U} = (w_1, w_2, \ldots, w_n) \times \begin{bmatrix} u_{11} & u_{12} & \cdots & u_{15} \\ u_{21} & u_{22} & \cdots & u_{25} \\ \vdots & \vdots & \vdots & \vdots \\ u_{n1} & u_{n2} & \cdots & u_{n5} \end{bmatrix} = (r_1, r_2, \ldots, r_5) \quad (7.13)$$

确定风险因子值的常用数学模型有$M(\wedge, \vee)$,$M(\cdot, \vee)$,$M(\cdot, \oplus)$和$M(\wedge, +)$,由于$M(\cdot, \vee)$兼顾了所有因素,同时突出了主要因素,因此采用此算法,即$R_j = \bigcup\limits_{i=1}^{n} w_1 \cdot u_{ji}$($j=1, 2, \ldots, m$),其中"$\cdot$"为普通乘法运算,$\bigcup$为取大运算,按照最大隶属度原则,求出$R$中的最大值,即$r_k = \max\{r_1, r_2, r_3, r_4, r_5\}$,则风险因子被评定的级别为$k$级。

(4)暴雨洪涝风险评价模型

依据自然灾害风险理论,结合暴雨洪涝灾害风险评价指标,建立暴雨洪涝灾害风险指数(DRI)模型:

$$DRI = (HW_H)(EW_E)(VW_V)[t + (1-t)(1-R)] \qquad (7.14)$$

式中,H、E、V、R分别表示致灾因子危险性、孕灾环境敏感性、承灾体脆弱性和防灾减灾能力指数,W_H、W_E、W_V分别为致灾因子、孕灾环境、承灾体的权重。t是常数变量,表示灾害风险的不可防御部分,取值$0 \sim 1$,根据经验,对宁波地区,取为0.8。考虑到人类积极的防御措施只能有效降低暴雨洪涝灾害风险,当防御能力完全发挥至100%时,$R=1$,能有效减小$(HW_H)(EW_E)(VW_V)t$对应部分的灾害损失风险;如果不采取任何防御措施($R=0$),暴雨洪涝灾害损失则为$(HW_H)$$(EW_E)(VW_V)$。

(5)灾级指数的计算

依据冯利华提出的灾害等级概念,将1997—2009年宁波9个区(县、市)因灾统计得到的死亡人数(I_d)、受灾人数(I_h)、直接经济损失(I_j)和农作物受灾面积(I_q)转换成对应的规范化指数,再将转换得到的4个规范化指数相加得到每个区(县、市)的总灾级(G):

$$G = I_d + I_h + I_j + I_q \qquad (7.15)$$

G反映灾情大小,简称灾级。

7.3.3 暴雨洪涝灾害风险区划及分析

(1)暴雨洪涝灾害风险因子分析

利用模糊综合评价和GIS技术,对网格化后的风险区划因子(包括致灾因子、孕灾

环境、承灾体和防灾减灾能力)建立风险评价集合,共划分为 5 个等级(表 7.3)。1～5级分别代表低、较低、中等、较高和高影响标准。各评价因子指标权重根据 AHP 熵权法确定,进而得到宁波市暴雨洪涝灾害致灾因子危险性、孕灾环境敏感性、承灾体脆弱性和防灾减灾能力等级图。

表 7.3 宁波市暴雨综合风险区划评价指标权重

目标层	权重	准则层	权重	评价层	权重
宁波市暴雨灾害综合风险	1	致灾因子	0.3301	暴雨洪涝危险性指数	0.3301
		孕灾环境	0.2068	高程	0.0827
				森林	0.0414
				水体	0.0827
		承灾体	0.2883	农业产出	0.0206
				地均 GDP	0.0206
				人口密度	0.0206
				农业用地	0.1071
				建筑	0.1194
		防灾能力	0.1748	农业收入	0.0250
				财政收入	0.0250
				农林水利财政投入	0.0250
				医疗保险参保人数	0.0250
				卫生技术人员	0.0250
				卫生机构数	0.0249
				医疗床数	0.0249

(2)暴雨综合风险区划

从宁波市暴雨综合风险区划图(图 7.3)上可以看出,暴雨洪涝灾害致灾因子危险性空间分布具有一定的地域差异:总体上,山区大部分地区及宁海县、奉化区及象山县西北部因人口和 GDP 密集度小,风险相较于主城区、镇海、北仑、鄞州及慈溪要小。但余姚西南、海曙西部、奉化西部、宁海西部山区,这些山区暴雨年平均日数多、日最大降水量大,次生灾害风险高,危险性仍大。

宁波市暴雨洪涝灾害综合风险等级与宁波各地暴雨洪涝灾情分布状况是一致的。宁波主城区、北仑区、镇海区和鄞州的中部地区为高风险区,慈溪次高。宁波位置偏东,每年夏秋两季受东、中路台风及对流性暴雨影响较多;同时主城区地势低洼,局部积涝点较多,加之老城区地下管网老旧,排涝能力相对较弱,对于短时强降雨造成的城区积水不能及时排泄;其次主城区人口密集、经济发展较为集中,对暴雨洪涝灾害存在较强的易损性,总体灾害风险较高。

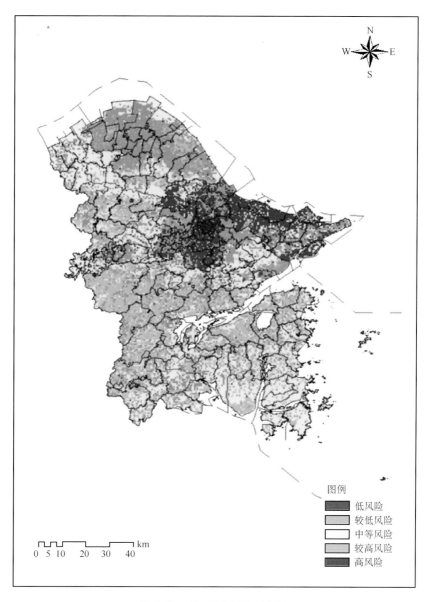

图 7.3 暴雨综合风险区划图

第 8 章
其他气象灾害及其风险区划

8.1 其他气象灾害概况

宁波是气象灾害多发之地,宁波曾经出现的气象灾害记事列举如表 8.1 所示。

表 8.1　宁波气象灾害记事列举表

年代	气象灾害记事
宋初至清末的 1000 多年间	史、志记载较详细的宋初至清末的 1000 多年间,宁波境内洪涝灾害共有 148 次,约合 7 年一遇。如宋政和二年(公元 1112 年),"宁海大水坏城,淹死者无数。"清康熙二十九年(公元 1690 年),"七、八月,余姚、慈溪大雨水,山洪齐发,平地水深丈余,漂溺居民无数,禾稼颗粒无收。九月,镇海大雨连旬,平地水深五尺,淹没地禾,冲坏民房。慈溪亦然。"
1951 年	余姚 5 月 10 日至 6 月 16 日,干旱 36 d,受旱农田 10.97 万亩;慈溪 5 月少雨,7、8 月连旱 49 d,部分稻田断水成灾;8 月,象山县大旱。
	8 月 20 日上虞暴雨。丰惠、下管山洪暴发,受淹 3.144 万亩。
	9 月 19 日,台风暴雨又逢大潮汛。海塘多处被毁。
1952 年	5 月连受暴雨,粮食减产。
1953 年	4 月 15 日至 5 月 29 日,旱 46 d,受旱农田 3.56 万亩;7 月 1 日至 9 月 2 日干旱 64 d,受旱农田 205 万亩。
1954 年	5 月起 6 次大水。
	7 月 17 日,庵东西二遭龙卷风袭击。
1956 年	5 月 7 日暴雨,农田受淹。7 月 8 日暴风雨,24 个乡镇受灾,房屋倒塌,人有伤亡。
1957 年	余姚 5、7、8 月三次春旱,受旱农田分别为 6.37 万亩、21 万亩和 8.92 万亩。
1958 年	5 月 19 日起,干梅连夏旱,至 8 月 23 日始雨,连旱 96 d,受旱农田 228.47 万亩。
	1 月 16 日,泗门、庵东地区遭遇大风袭击,240 多间民房严重损坏,29 人受伤。
1959 年	9 月 4 日暴雨,农田近 30 万亩受淹,粮棉减产。9 月 10 至 12 日又降暴雨。
1960 年	6 月 19 日,奉化纯湖水库上游遭遇强降水,水库大坝倒塌,冲毁土方 5 万 m^3,死 2 人,冲毁农田 2000 亩。
1961 年	慈溪 6 月 15 日至 8 月 23 日,干旱 70 d,受旱农田 34.72 万亩,粮食减产。余姚 6 月 14 日至 9 月 6 日,干旱 83 d,受旱农田 25.03 万亩,粮食减产。
	10 月 3 至 5 日,山区山洪暴发。
1962 年	7 月 12 日,丈亭、陆埠龙卷风。

续表

年代	气象灾害记事
1963 年	4 月春旱,自上年 11 月至本年 4 月无雨,连旱 140 余天,春种缺水。
	7 月初至 9 月初干旱,姚江见底,河流干涸可行人。
1964 年	2 月,大雪,雨雪 19 d,积雪 14 cm。
1965 年	龙卷风出现于桥头公社。
1966 年	8 月 24 日暴雨,宁海斧头岩水库土坝漫顶,冲开缺口 16 m,冲毁土地 40 余亩、房屋 32 间。
1967 年	6 月 7 日至 9 月 9 日干旱 94 d,受旱面积 244.5 万亩,其中 9.2 万亩晚稻基本无收,沿海地区人畜饮水发生困难。
1968 年	6 月 8 日傍晚,余姚城北大风、冰雹。
1971 年	6 月 23 日至 9 月中旬连旱 84 d,受旱农田 241.37 万亩,宁波市区自来水断源。
1973 年	5 至 6 月慈溪三次大暴雨,21 万亩棉花受灾。
	6 月 27 日下午,慈溪西北先遭龙卷风袭击,而后经东一、东二、四灶浦而逍林,又穿观城、五洞闸入海。
	11 月 9 日至次年 1 月 13 日,余姚 66 d 降水量 1.8 mm,冬旱。
1977 年	4 月 24 日、6 月 30 日、7 月 12 日慈溪庵东三次遭龙卷风、冰雹袭击。
	8 月 21 至 23 日,暴雨,山洪暴发,农田受淹,房屋倒塌,水利、交通设施多处受损。
1979 年	1 月 30 至 31 日,慈溪沿海连续大风、高潮袭击。新圈 13 km 海塘损坏。
	7 月 9 日,庵东、长河等地遭龙卷风袭击。
1980 年	6 月 23 日,余姚暴雨。
	6 月 27 日,遭暴风雨袭击,阵风达 12 级,暴雨夹带冰雹,作物多被损。
1981 年	7 月上旬,慈溪建塘等地遭龙卷风袭击。
1983 年	6 月 30 日,余姚暴雨,洪涝面积 12.13 万亩。
	慈溪 5 月 27 日至 7 月 8 日的 53 d 中,雨日 44 d,其中 3 次暴雨,12 万亩农田受淹。
	9 月 16 日下午 3 时 42 分至 4 时 20 分,姚北沿海一带及慈溪遭龙卷风袭击。
1984 年	6 月 13 日,暴雨,洪涝面积 30.53 万亩,其中 3.9 万亩基本无收,房屋倒塌 137 间,死亡 1 人,1.36 万人受灾。
1985 年	慈溪、余姚暴雨,水利、交通设施受损,部分农田被淹。
	7 月 13 日晚,临山、马渚、环城区的 9 个乡 41 个村遭龙卷风袭击。
1986 年	6 月 22 至 23 日,慈溪普降暴雨,1 万多亩农田受淹。
1988 年	6 月 19 至 21 日,余姚连将大雨,农田受淹 18.64 万亩。
	7 月 29 日深夜,受东风波系统影响,宁海、奉化、鄞州、余姚等地发生罕见特大暴雨,暴雨强度为 160 年一遇。宁海的凫溪、黄坛溪、白溪三大溪流同时产生特大洪水,宁海、奉化、鄞州、余姚的 60 多个乡镇、1200 村庄受灾,受灾人口 58 万人,受淹农田 47.39 万亩,死 183 人,伤 416 人,全市直接经济损失 4.6 亿元。
	8 月 7 日,受 8807 号台风袭击,风力 12 级以上,山洪暴发,拔树倒房,经济损失严重。
1989 年	8 月 21 至 22 日,受海上热带低压云团和北方冷空气南下共同影响,姚江流域暴雨造成大面积内涝。余姚、慈溪、北仑、江北、镇海、鄞州被洪水包围村庄 80 个,受灾人口 87 万人,转移安置灾民 1.24 万人,死 3 人,受淹农田 60 万亩,损毁房屋 1467 间,直接经济损失 1.37 亿元。

续表

年代	气象灾害记事
1990年	7月至8月伏、秋旱。6月14日入梅，7月4日出梅，梅雨季基本无雨。出梅后，晴热少雨长达36 d，其中35℃以上高温持续21 d，是历史上罕见。山区溪流、山塘水库基本干涸，部分河道断航，姚江水位从2.83 m，下降到−0.34 m。到8月5日全市受旱面积达88.39万亩，其中水稻45.53万亩，旱地作物42.86万亩(其中棉花34.5万亩)。到7月26日，余姚向上虞调水212万 m³。
1991年	7至8月伏、秋旱。梅季雨量偏少，7月初出现晴热高温干旱天气，到8月1日受旱30 d，受旱面积51万亩，其中水稻面积36万亩，旱地作物15万亩。
1992年	7至8月伏、秋旱。自7月12日出梅后至8月12日一个月时间，日最高气温一直处在34℃以上，大于或等于35℃的高温天气，累计达到24 d，其中37℃分别出现于7月27日、29日、30日。29日余姚最高气温达39.4℃。高温晴热持续，旱情发展迅速，姚江水位从3 m(吴淞高程，下同)下降到0.3 m，有3956处山塘干涸，819条山区溪流断流，到8月5日受旱面积达53.04万亩，其中水稻面积24.15万亩，旱地28.89万亩。晚稻种不下11.69万亩、枯苗0.32万亩、种下后晒白7.3万亩，造成经济损失2754万元。
1994年	6至8月夏伏旱。6月8日入梅，6月24日出梅，历时仅16 d。出梅后，受副热带高压控制，晴热高温，6月24日到8月20日57 d中，35℃以上高温达25 d，最高达38℃。姚江水位从2.94 m(吴淞高程，下同)下降到−0.5 m，严重危及两岸江塘、厂房、铁路安全。宁海县车岙港水库因水位骤降，大坝出现纵向裂缝，危及安全。全市到8月24日受旱面积达92.8万亩，其中水稻39.9万亩(晒白开裂11万亩、枯苗0.62万亩、晚稻种不下4万亩)。饮水困难人口16.76万人，因受旱直接经济损失1548万元。
1995年	7至9月伏、秋旱。7月7日出梅后，到8月23日的45 d间，出现日最高气温大于35℃的26 d。到8月25日，受旱达74.96万亩，其中水田28.36万亩(有3.6万亩晚稻没有插种)、旱地46.6万亩。饮水困难人口12.16万人，因受旱减收粮食1162万 kg，直接经济损失3001万元。
1996年	7月13日至8月10日，出现28 d夏旱，受旱面积13.19万亩。
1997年	5月13日16时15分，宁海雷雨交加，西店、前童、强蛟、水车等乡镇遭冰雹袭击，持续时间约20 min，较严重的西店毛洋村低洼处冰雹积地厚达12 cm，全村37.3 hm²作物遭受严重破坏。
1998年	3月19~21日出现的寒潮，市区48 h降温达13.8℃，全市出现了大范围的降雪、雷暴、冻雨天气，受此影响，交通事故突增，部分山区因电线电杆被压断，使供电中断达3 d之久，这种接近春分节气的强降温，导致榨菜根茎膨大受阻，竹笋春发困难，油菜结实率下降，樱桃、梨、李、桃等花瓣被冻伤，山区部分毛竹被压断，全市有2000只蔬菜大棚被雪压塌，明前茶损失一半以上。
	4月5日，余姚、慈溪、镇海等地出现雷雨大风和冰雹，历时5~25 min，受灾最严重的是慈溪掌起一带，冰雹普遍有乒乓球大小，大的如拳头，该镇上宅村绝大多数民房上的瓦片被打得粉碎，这次冰雹造成慈溪市农业受灾面积6600 hm²左右，民房受损10802间，直接经济损失约4779万元。
	7月20日14时40分，鄞州区邱隘镇的4个村受龙卷风袭击，刮倒和揭顶房屋250间，部分电线杆和早稻被刮倒，数人受伤。

年代	气象灾害记事
2000 年	6 月 21 日 18 时 30 分左右,慈溪西北部出现龙卷风,造成庵东镇 10 个村、杭州湾镇 4 个村受灾,房屋倒塌,大树、水泥电线杆折断,共造成 25 人受伤,倒塌房屋 287 间,鱼塘棚舍 100 余只,农作物受灾 3917 hm²,1300 余户用户通信中断,总计直接经济损失 2550 余万元。
	8 月 11 日晚,受对流云团影响,象山等地普降大暴雨,5 h 降雨量达 121 mm,由于降水集中,有 6 个乡镇受淹,其中定塘镇受损达 760 万元。
	8 月 19 日,奉化市白杜孔峙村 1 名 47 岁的男性村民在稻田放水时遭雷击死亡。
	10 月 2 日象山贤庠等地出现狂风、暴雨夹冰雹,影响范围宽 1 km 长度 3 km,天气瞬间如同黑夜,雷电交加,玻璃瓦片满天飞,快成熟的杂交晚稻被夷为平地,受损超过 200 万元。
2001 年	7 月 30 日下午约 2 时许,奉化市洪溪村 2 名正在海上作业的村民遭雷击死亡。
2002 年	4 月 22 日晨,受低涡东移影响,象山南部出现暴雨,石浦气象站 5 h 降雨量达 104 mm,石浦、定塘、晓塘三地农作物受淹 1230 hm²,直接经济损失 1233.6 万元。
2003 年	晴热高温天气从 6 月 30 日开始,直至 9 月 8 日才结束,余姚站高温日数多达 51 d,7 月 17 日的极端最高气温达 41.7℃,宁波市区高温日数多达 46 d。干旱从 7 月开始并迅速发展,持续到 11 月 30 日仍未解除,期间全市平均降水量仅有 325.6 mm,比常年平均偏少 5.2 成,干旱的特点是发展快、范围广、影响重、时间长,导致早稻高温逼熟,千粒重下降。全市受旱面积达 7.2 万 hm²,其中轻旱 4.07 万 hm²,重旱 2.53 万 hm²,干枯 0.6 万 hm²,有 36.65 万人饮水发生困难。象山县有近 80 个村、4 万多人只能靠外地运水解决饮水问题。
	7 月 10 日下午 4 时许,奉化市西坞有 5 位在野外劳作的农民遭遇雷击,其中 3 人身亡,2 人昏迷。
	8 月 31 日 15 时许,龙卷风袭击奉化大堰镇后畈村,造成 5 间民房倒塌,100 多间房屋不同程度受损,所幸没有人员受伤,有目击者称当天的龙卷风有水缸那么粗,高 100 多米,自东向西移动,逆时针旋转,持续时间达三四分钟,所到之处天昏地暗,村民王国宁家在遭龙卷风袭击时,只觉得墙像纸片一样,先往里推,后朝外倒塌,家里 6 个人紧紧靠着墙壁才未被卷走,一辆停在弄堂口的摩托车被刮到了七八米之外,一根重约 150 kg 的门槛被高高卷起,这次龙卷风还把村里几排防风林齐腰折断,有的被连根拔起。
2004 年	5 月 30 日出现的强降水过程严重影响交通,造成杭甬高速和同三高速共发生 13 起交通事故;鄞州区洞桥镇有 13.3 hm² 西瓜受淹绝收;宁波市区北斗河等因河底淤泥翻腾而发生大面积鱼儿死亡。
	8 月 25 日凌晨 1 点 50 分左右,鄞州区高桥镇高桥村至高峰村自东北偏东向西南偏西出现龙卷风,持续时间约 2～4 min,有四个自然村的 124 间楼房、180 间小屋、9.2 hm² 农作物、43 档低压线、3200 m² 的钢棚及 1000 只鸡鸭受损,受灾人口 500 人,直接经济损失 185.06 万元。
2005 年	5 月 17 日,慈溪、奉化、宁海、象山等地出现飑线,雷雨大风造成奉化尚田镇下田塔村 80 户民宅受损,几千只鸭子死亡。宁海国华电厂一龙门吊车倾倒,2 座钢管灯塔折断,经济损失 4000 余万元。

年代	气象灾害记事
2005 年	6月至7月中下旬,气候明显反常,梅季短、梅雨量极少。梅雨期仅13 d,是常年的一半,全市平均梅雨量42 mm,只有多年平均的16.8%,是典型的"枯梅年"。其中宁波市区只有27 mm,慈溪、余姚更是不到9 mm,为1952年气象台建台以来历史新低。入伏早、温度高、高温持续时间长。6月23日出梅到7月中旬,大部地区滴雨未下,而35度以上的高温天气达15 d,各地极端最高温度屡创历史新高(市区7月5日41.2℃),同时每天的水面蒸发量基本在6 mm以上。6月至7月中下旬的反常气候,造成了全市水库蓄水量持续下降,河网水位急剧下降,全市用水量激增,全市城乡每天的供水在230万 m³以上,其中宁波市区日最高供水量达到98万 m³,全市各地均不同程度地出现了旱情。部分缺水地区农作物灌溉难度日增,少数海岛、沿海和山区半山区生活生产用水受影响。
2006 年	6月10日(610飑线),自西北向东南先后出现雷雨大风和局部冰雹天气,受飑线系统影响,114个中尺度自动站中,有86个出现8级以上的大风,其中17个出现10级以上的大风,最大的是余姚芝山,达32.8 m/s。余姚、鄞州、北仑等地出现冰雹,直径普遍有黄豆大,个别有鸡蛋大小。
2007 年	2月8日的大雾覆盖范围广、程度深,进出宁波港域的南、北沿海大通道全部封航,27日再次遭遇大雾,造成栎社国际机场37个进出港航班延误,同三高速、杭甬高速以及甬金高速继继关闭。
	3月31日至4月1日,日平均气温下降9℃,最高气温下降近20℃,4日早晨的低温使茶叶受冻严重,嫩芽一片血红,柿子、油菜、马铃薯等作物也都受到了不同程度的影响,仅余姚大岚镇全部经济损失就达760万元以上,人均减收590元左右。
	4月2日08时到4月3日02时慈溪、北仑和鄞州气象站观测到浮尘天气现象,能见度都在10 km内,出现的时段主要集中在2日傍晚到上半夜,主要表现为天空呈灰黄色,能见度差,空气也很混浊,白天还下了点"泥雨",但由于降水较弱没有起到固尘作用,晚上降水停止后,空气质量仍旧很差。市环境监测中心的监测数据显示,4月2日城市空气质量污染指数(API)达到368,空气质量级别为五级,属于重度污染。受其影响,呼吸道疾病患者明显增多,对杨梅、桃、李、樱桃等的开花授粉有一定影响。
	4月4日晨,山区气温降至0~5℃,宁海、奉化、余姚等地茶叶受冻面积达3300 hm²;仅余姚大岚镇,遭严重霜冻的茶叶、马铃薯、柿子、油菜等损失就达760万元,人均减收590元。
	4月1日6时50分,慈溪市坎墩街道沈五灶村五灶南路269号农户葛文康二间两层楼住宅遭雷击,西侧屋脊角被雷击掉,碎石、碎瓦片飞到后面邻居院内,屋脊角受损,烧毁房屋两间、电器多数受损,周围住户的多台电脑、电话机、电视机损坏,估计直接经济损失约五万多元。6月24日,北仑区梅港镇1名妇女在地里施肥时遭雷击死亡、象山县泗洲头镇2名村民遭雷击身亡,一人在鱼塘工作,另一人穿雨衣站在野外,造成被雷击死。奉化全市19处地方遭雷击,市电信局小灵通基站被打坏14只,局部故障162只;尚田镇政府内的24台电脑、3只交换器及周边数家企业、居民的上百台电视机、电脑、电话机等被雷电击坏,镇政府整个计算机网络系统瘫痪,累计经济损失近百万元。6月29日15时左右,宁波市镇海炼化厂区内贮定部5000 m³内浮顶贮罐因雷击起火,此次雷灾造成直接经济损失约15万元,市区七塔寺被响雷劈掉圆通宝殿左边的龙头装饰石块及屋檐一角的柱子。7月7日17时10分左右,慈溪市周巷镇建五村赵卫张,赵某回地头取东西,在地中遭雷击,当场身亡(57岁,男)。8月3日16时50分,宁海县黄坛镇横抗村遭雷击,造成1人死亡、1人重伤。8月28日17时,宁海县一市镇遭雷击,造成1人死亡。8月29日18时,宁海县茶院乡毛岙村遭雷击,造成1人死亡。

年代	气象灾害记事
2008 年	1 月 13 日至 2 月中旬,宁波出现了罕见的低温雨雪冰冻天气。1 月 13 日—2 月 20 日、2 月 24—28 日 400 米以上高山均出现了持续低温冰冻,2 月 13 日四明山最低气温达−10.0℃,其他海拔较高的山区也在−7℃以下。1 月 28 日夜里到 29 日、2 月 1—2 日部分山区出现冻雨,各地出现大雪,四明山区积雪深度达 40 cm,部分地区厚达 1 m,四明山镇冰封达 33 d。此次低温雨雪冰冻灾害影响范围大,持续时间长,破坏的严重程度历史罕见,尤以电力、交通、农业为最。据民政部门统计,全市共有受灾人口 46 万,以山区为主。农作物受灾总面积为 6.58 万 hm²,其中成灾 1.86 万 hm²,造成农业经济损失达 2.3 亿元。
	4 月 24 日上午,江北洪塘裘市村"绿叶果蔬合作社"农场突刮起一阵威力异常强大的风,不到 5 min 时间,1.3 hm² 葡萄大棚被掀翻,损失达 20 多万元,数根埋在地下 1.5 m 深的水泥柱被拔了起来。农场遭遇的大风,可能是强对流小系统天气作怪,在高空形成瞬时大风,之后大风俯冲而下,这种强对流天气形成的大风,瞬间威力巨大,强度类似"龙卷风"。
	6 月 23 日下午来自江西永丰的王某在江口街道竺家村收割蔺草时,不幸遭遇雷击身亡。7 月 22 日下午,农业银行宁波数据中心办公大楼遭遇雷击,办公大楼共 8 层,中心机房设在 8 楼,因受到感应雷击,机房内的电脑硬盘、加密机等设备均受到不同程度破坏,机房旁的消防主控板受到感应电压误报警,总损失达 30 万元左右。8 月 11 日 13 时 30 分左右,在方桥下庙山种西瓜的 35 岁温岭籍男子张雪平不幸遭遇雷击身亡。
	9 月 5 日下午,受高空切变线和低涡的共同影响出现短时特大暴雨,宁海二个山塘小水库垮坝,北仑有多个村庄进水,房屋倒塌 30 多间,公路中断 10 多条,电路中断数条,象山水利工程损毁 120 处,全市直接经济损失 2.37 亿元。
	11 月 3—4 日,受大雾影响,杭州湾跨海大桥开通后首次封桥达 9 h。
2009 年	1 月 20—25 日,市区(鄞州站)日最低气温过程降温幅度达 13.6℃,25 日,鄞州站最低气温达−6.5℃,奉化、镇海等地最低气温达−7.7℃,为 1991 年以来最低,严重冰冻和巨大温差造成水管爆裂现象严重。沿海出现 8~9 级大风,郭巨至六横、大榭至普陀山等 22 条航线停航。
	8 月 2 日受低空切变线和低涡东移影响,宁波大部地区出现雷阵雨,鄞州西部及象山中部出现了短时大暴雨到特大暴雨,鄞西多条溪坑被冲毁,局部发生泥石流;鄞州章水镇的蜜北线公路出现山体滑坡与桥梁垮塌,导致交通中断;杭甬高速公路接连发生 6 起小车失控撞护栏事故。这次暴雨共造成鄞西 9 个镇乡(街道)35 个村 31993 人受灾,倒塌房屋 155 间;农作物受灾面积 3656 hm²;水产养殖损失面积 73.7 hm²;21 条公路交通中断,发生山体滑坡 14 处、泥石流 7 处;损坏山塘水库 1 座,损坏堤防 288 处(约 26 km),堤防决口 97 处(约 15 km),损坏护岸 421 处,损坏灌溉设施 255 处、水闸 1 座、水电站 1 处,直接经济损失 11670 多万元。
	8 月 27 日凌晨 0 点 45 分左右,慈溪市坎墩街道四塘南村东村雷电直接击在中间房子屋顶,引起火灾,造成三间二层楼屋面被焚毁,二楼室内的两台电脑,一台 29 吋①电视机,一台空调,一台电热水器,沙发、部分现金、集邮册及古钱币等家具被毁,直接经济损失约为 7 万元。

_____

① 1 吋＝2.5400 厘米。

续表

年代	气象灾害记事
2009 年	11 月 8—22 日出现低温连阴雨天气,11 月 13 日比常年提前半个月入冬,气温大幅度降低引起危及人类健康的心脑血管疾病高发,仅鄞州二院急诊科就先后接诊 6 例猝死病人,另外还有不少脑出血、中风、高血压、脑梗病人。连阴雨致使田间积水严重、晚稻严重倒伏,影响收割进度和质量;已收割稻谷由于连续阴雨天气难以晾晒入仓,囤积的稻谷极易发芽变质;大小麦、直播油菜播期延迟,已播作物苗情偏弱,土壤墒情差,部分蔬菜出现渍害、叶片发黄、根部霉烂,日照严重不足造成棚内花卉和瓜果蔬菜等长势偏弱,产量下降,价格上扬;柑橘等未采摘水果因低温阴雨出现烂果现象。连续阴雨(雪)天气还对海上捕捞、电力、生产生活及交通等带来了不利影响。连阴雨天气,使交通事故大增,市区道路追尾、刮擦等事故的报警达 600 起,比平时高出约 20%,高速公路事故也是平时的 2 倍。
2010 年	4 月 13—16 日出现多年未遇的倒春寒天气,早稻烂种烂秧严重,茶叶再次遭受冻害,出现心肌梗死、脑梗死、脑出血的老年病人明显增多。
	5 月 2 日下午,鄞州、奉化、宁海局部地区出现冰雹,冰雹最大的比鸡蛋还大,部分农业大棚及作物被冰雹砸坏,奉化尚田镇 333 hm² 草莓大棚砸得千疮百孔,损失最严重的方门村有 82 户养殖户受灾,鸡鸭死亡近 5000 只,草莓大棚受灾达 57.3 hm²,桃子等其他农作物受灾也有 10 hm²,630 户农户不同程度受灾,500 台太阳能热水器损坏,宁海一养殖基地死亡土鸡 1.8 万余只,有两百多辆行驶在甬台温高速奉化尚田路段及甬金高速洞桥出口路段的汽车受不同程度损伤,部分车辆挡风玻璃、天窗被砸破,车身被砸出凹坑。
	6 月 30 日 18 点 10 分左右附海镇海霞路 24 号,该房北侧屋脊遭雷击后,引起阁楼起火。事故造成二间二层楼屋面被焚毁,室内的一台电脑,二台电视机,一台冰箱,一台电热水器,一台洗衣机,二台压塑机,家具等被毁,直接经济损失 8 万元。
	7 月 1 日下午西溪村 69 岁的农民鲍某在种水稻时不幸遭遇雷击身亡。
	12 月 14—16 日出现寒潮大风,伴有中到大雪局部暴雪,平原最低气温 -2~-3℃,积雪深度 3~10 cm,农业损失大,道路结冰造成城区交通瘫痪,中小学幼儿园停课一天,全城用电创下冬季历史新高。
2011 年	梅汛期间,6 月 6—7 日的第一轮强降水,造成宁波中心城区积水 146 处,火车东站售票厅进水严重;6 月 24 日午后的大范围雷暴和短时强降水造成宁波机场 36 个进出港航班延误,部分动车限速行驶,杭州湾跨海大桥发生 28 起交通事故,涉及事故车辆 70 多辆,有 3 人受轻伤;6 月 26 日的强降水导致城区部分路段短时积水,火车东站售票厅再度被淹。
	8 月 22 日下午,西坞街道尚桥头村一名江西籍男子在水塘采莲藕时不幸遭雷击身亡。
	6 月 9 日 17 时左右,慈溪市供电局慈溪西北部雷击造成故障的线路 80% 集中在慈溪西北部,共造成全市 27 条 10 kV 线路、2 条 35 kV 线路跳闸,其中 35 kV 一条重合闸成功。联周 B839 线 4# 杆 B 相瓷瓶断裂,分段开关遭雷击烧坏,大湾 B319 线 13# 分支开关跳闸。
2012 年	2 月 21 日—3 月 8 日,连阴雨导致日照时数不足常年六分之一,气温偏低 0.9℃,雨量偏多 2 倍多,田间普遍积水,大棚蔬菜瓜果生长不良,遭受冻害,作物生育期推迟,病虫害加重,大棚草莓灰霉病多发,慈溪六成存栏蜜蜂受灾,其中 8500 群全群覆灭,直接经济损失 1500 余万元。

续表

年代	气象灾害记事
2012 年	7 月 12 日晚,莼湖镇栖凤村 34 岁尹女士在骑自行车途中不幸遭雷击身亡。7 月 13 日下午北仑区黄山西路的某公司遭受感应雷击,造成 1 台触点式三坐标测量仪损坏,造成直接经济损失约 12.2 万元。9 月 7 日下午约 2 点 30 分至 40 分,慈溪市桥头镇毛三斗村村民余冲够(男,62 岁),在棉花地里干活不幸被雷击中,头顶草帽被击一洞,面部有黑状,当场身亡,旁边 4～5 m 外另有一村民脚上有电麻的感觉,但没有受伤。
	7 月 16 日午后,一场中雷阵雨在宁波西部山区经发生发展后迅速加强并袭击鄞州西部、余姚南部和奉化北部等地区。鄞州西部龙观乡 3 h 降水量达 200 mm,其中最大 1 h 降水量为 98 mm,短历时强降雨引起该地山洪暴发和小型泥石流灾害。16 日傍晚洪水从 012 县道荷梁线路边的山坡上倾泻而下,顷刻间有 10 多间民房和数座桥梁被毁损,3000 余米的河坎遭遇重创,多处溪边公路发生崩塌,8000 多亩农田受灾,数个村庄进水。
2013 年	1 月 1—5 日,连续 5 d 最低气温在 0℃以下,其中 3—4 日平均气温低于 0℃,4 日最高气温仅为 0.3℃,各地积雪在 5～10 cm,山区 8～15 cm,最大北仑茅洋山雪 25 cm,雪后路面冰冻导致象山港大桥、杭州湾跨海大桥以及各条高速公路陆续封桥、封道,期间宁波各大医院频频收诊骨折病人,3—4 日中小学幼儿园连续停课 2 d,因覆冰发生跳闸故障的输电线路达 17 条,灾情主要集中在北仑、象山一带。
	盛夏期高温伏旱严重,全市平均高温日数达 42 d,为常年的 2.6 倍,其中余姚站多达 58 d;极端最高气温屡创新高,并多次居全国之首,8 月 7 日奉化站极端最高气温达 43.5℃;大部分地区气象干旱等级达重旱标准;姚江干流水位降至 −1.0 m 的特枯水位,山区天然径流的溪坑基本断流。干旱共造成 53 个乡镇、331 个村、14.9 万人饮用水困难,农作物受旱面积超过 4.5 万 hm²,农业经济损失超过 5 亿元,林业受灾面积 7.3 万 hm²,直接经济损失 11.5 亿元,其中果树受灾面积 2.43 万 hm²,直接经济损失 3.53 亿元。夏秋茶全部绝收,对次年春季名优茶生产造成影响。
	9 月 14 日 13 时左右,北仑区九峰山顶"九峰之巅"景区石板凉亭发生雷击事故,事故造成 1 人死亡,16 人受伤。
2014 年	2 月 9 日,大雪、积雪等造成城区主要桥梁、高架等积冰严重、交通事故多发,鄞州、慈溪、余姚、宁海等地山区道路因积雪较深而封道,后轮驱动汽车出现了集体"趴窝"现象,跨海大桥封道;5 名大学生四明山赏雪被困住;慈溪、象山等地 80 hm² 平阳特早、乌牛早等特早生或早生茶萌芽冻焦。
	8 月 17 日,北仑区受雷暴天气影响,大榭某码头桥吊受损,经济损失约 1.3 万元;霞浦某公司办公电器遭受雷击,经济损失约 13.6 万元;小港某公司办公电器遭受雷击,经济损失约 6 万元;新碶若干民房电器受损,经济损失约 0.8 万元。
2015 年	11 月 7 日,受雷暴天气影响,北仑区白峰、新碶、柴桥、小港多家公司设备受损,经济损失约 20 万元。

8.1.1 高温①

宁波市年平均最高气温(图8.1)为17.5~23℃,其空间分布与年平均气温地区分布类似,与地形密切相关,变化梯度集中在西部山区海拔高度变化大的区域。

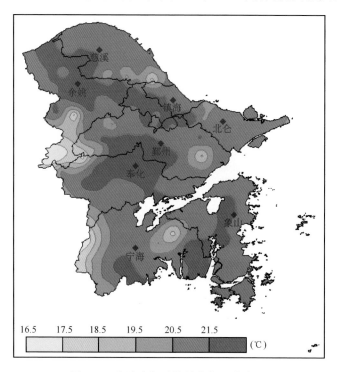

图8.1 宁波市年平均最高气温分布图

宁波极端最高气温(图8.2)呈现平原地区高、山区和沿海地区低的分布特征,慈溪、余姚、奉化的平原地区及市六区基本都在40℃以上,西部高海拔山区和象山海岛在39℃以下,其他地区多为39~40℃。极端最高气温最大值出现在江东区新河路区域站,为43.6℃,国家基本站极大值出现在2013年的奉化,为43.5℃;1.6%的站点曾出现过43℃以上的极端高温,主要分布在奉化和宁波市区部分地区,9.3%的站点曾出现过40℃以上的极端高温,主要分布在宁波的平原地区,31.9%的站点曾出现38℃以上的极端高温。

一般将日最高气温≥35℃称为高温日。从图8.3可知,宁波市除四明山高海拔地区和部分海岛外,全市各地都出现过日最高气温≥35℃的高温天气。但各地的高温日数差异较大,平原地区较山区多,象山港以北地区较以南地区多。宁波城区、鄞州中部、奉化中北部、余姚北部、慈溪中部为高温多发区,基本上在24 d以上,高温日数少的地区主要分布在象山沿海、北仑东部沿海、余姚四明山区和宁海,基本上在16 d以下。

---

① 本章中,图8.1—8.12资料统计年限为2005—2016年,其他从建站起统计。

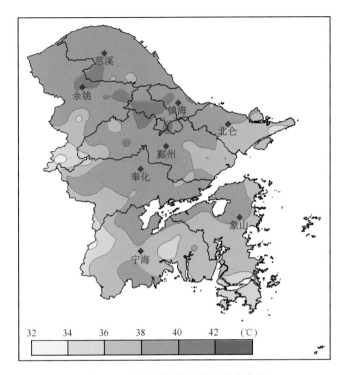

图 8.2 宁波市极端最高气温分布图

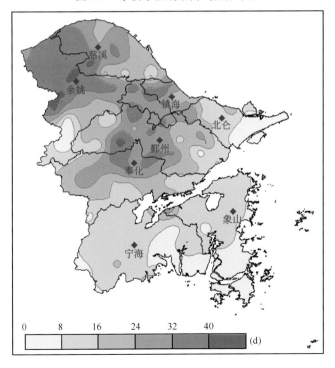

图 8.3 宁波市≥35℃高温日数分布图

日最高气温≥38℃的高温日数(图8.4)北部平原地区较多,南三县较少,高山及沿海地区基本上在5 d以下。

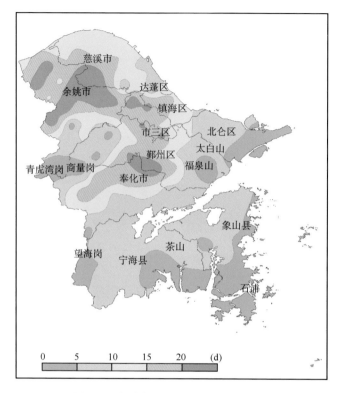

图8.4 宁波市≥38℃高温日数分布图

日最高气温≥40℃的高温日数(图8.5)集中出现在中北部平原地区,一定程度上说明城市化对高温的影响重大。

8.1.2 低温

宁波市年平均最低气温空间分布(图8.6)也与年平均气温地区分布类似,与地形密切相关,在9.9~16.4℃之间变化。

宁波市极端最低气温(图8.7)呈现沿海及海岛地区高、平原地区次之、山区及半山区低的分布特征,沿海及海岛地区基本上在−5℃以上,山区半山区在−9℃以下,其他地区在−5~−9℃。极端最低气温最小值出现在余姚森林公园和宁海望海岗,为−12.2℃;国家基本站极低值出现在1977年奉化,为−11.1℃。

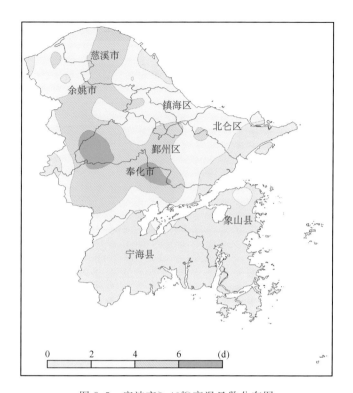

图 8.5 宁波市≥40℃高温日数分布图

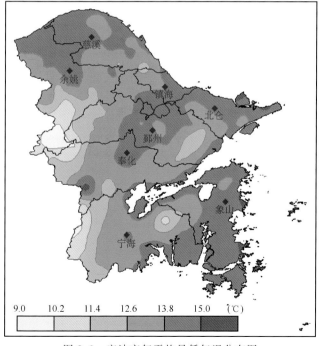

图 8.6 宁波市年平均最低气温分布图

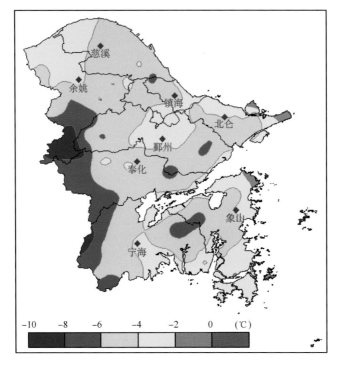

图 8.7　宁波市极端最低气温分布图

将日最低气温≤0℃称为低温日。从图 8.8 可知,全市各地都可以出现日最低气温≤0℃的低温天气,低温日数的空间分布呈现出"西高东低"型,由内陆向沿海逐渐减少,在 2～63 d 之间变化,反映出海洋对气温的调节作用。余姚西部向南伸展到宁海西部的山区最多,年平均在 40 d 以上,沿海及海岛最少,年平均在 20 d 以下,其余各地在 20～40 d。

8.1.3　大风(龙卷)

宁波地处北亚热带湿润型季风气候区,冬夏季风交替明显,冬季冷空气活动频繁,多出现偏北大风,春秋过渡季节,冷暖空气交替加剧,偏北与偏南大风交替出现,夏季大风除受台风影响外,强对流天气系统造成的短时大风也时有发生。

根据风对地上物体所引起的现象将风按大小分级,称为风力等级,简称风级。"蒲福风级"是英国人蒲福(Francis Beaufort)于 1805 年根据风对地面(或海面)物体影响程度而定出的风力等级,共分为 0～17 级,表 8.2 列出了各风级的风速范围、名称和对应陆地、海面的代表性现象。

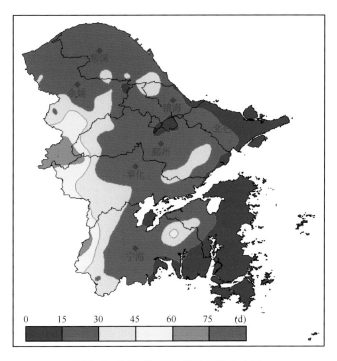

图 8.8 宁波市≤0℃低温日数分布图

表 8.2 蒲福风级表

风级	风速（m/s）	风的名称	陆地上的状况	海面现象
0	0～0.2	无风	静，烟直上	平静如镜
1	0.3～1.5	软风	烟能表示风向，但风向标不能转动	微浪
2	1.6～3.3	轻风	人面感觉有风，树叶有微响，风向标能转动	小浪
3	3.4～5.4	微风	树叶及微枝摆动不息，旗帜展开	小浪
4	5.5～7.9	和风	吹起地面灰尘纸张和地上的树叶，树的小枝微动	轻浪
5	8.0～10.7	劲风	有叶的小树枝摇摆，内陆水面有小波	中浪
6	10.8～13.8	强风	大树枝摆动，电线呼呼有声，举伞困难	大浪
7	13.9～17.1	疾风	全树摇动，迎风步行感觉不便	巨浪
8	17.2～20.7	大风	微枝折毁，人向前行感觉阻力甚大	猛浪
9	20.8～24.4	烈风	建筑物有损坏（烟囱顶部及屋顶瓦片移动）	狂涛
10	24.5～28.4	狂风	陆上少见，见时可使树木拔起将建筑物损坏严重	狂涛
11	28.5～32.6	暴风	陆上很少，有则必有重大损毁	风暴潮
12	32.7～36.9	台风（飓风）	陆上绝少，其摧毁力极大	风暴潮
13	37.0～41.4		陆上绝少，其摧毁力极大	海啸
14	41.5～46.1		陆上绝少，其摧毁力极大	海啸

续表

风级	风速(m/s)	风的名称	陆地上的状况	海面现象
15	46.2~50.9		陆上绝少,其摧毁力极大	海啸
16	51.0~56.0		陆上绝少,范围较大,强度较强,摧毁力极大	大海啸
17	≥56.1		陆上绝少,范围最大,强度最强,摧毁力超级大	特大海啸

宁波市年平均风速在0~6 m/s(图8.9),总体呈沿海向内陆迅速递减,离海岸线较近地区风速大,沿海地区一般在2 m/s以上,大部分平原地区较小,仅1~2 m/s,山区风速较平原地区大,与海拔高度、坡度有一定关系。

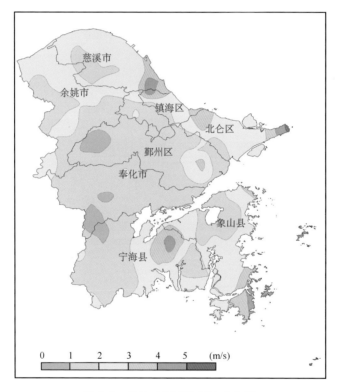

图8.9 宁波市年平均风速分布图

最大风速指给定时段内的10 min平均风速的最大值,选取该日内任意的10 min平均值的最大者。宁波市年最大风速(图8.10),南部地区及沿海地区较大,在15 m/s以上,平原地区和杭州湾南岸较小,仅10~15 m/s,最大风速极值出现在象山石浦。

极大风速指给定时段内的瞬时风速的最大值,是该日内瞬时(一般是指3 s)风速的最大值。宁波市极大风速(图8.11),象山南部地区最大,杭州湾南岸最小,平原地区多在24~30 m/s,象山南部、奉化南部、宁海茶山、鄞州天童、北仑峤头、慈溪达蓬山等地在30 m/s以上。

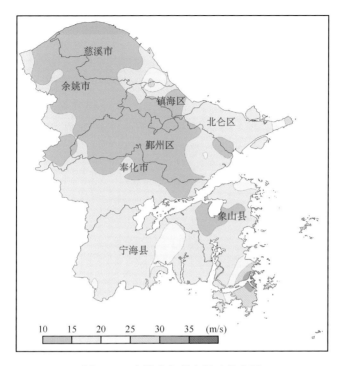

图 8.10　宁波市年最大风速分布图

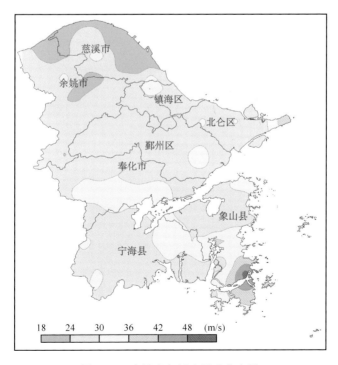

图 8.11　宁波市年极大风速分布图

根据中国气象局的规定,瞬时风速≥17.2 m/s,记为大风,该日定义为一个大风日。大风日数的多少主要与天气系统强弱有关,与海拔、坡向等地理环境也存在一定联系。

从图 8.12 可知,宁波高山、海岛、沿海地区的大风天数较多,其他各地大风日数较少,局地性较明显,年大风日数超过 20 d 的区域均为海拔高度在 100 m 以上的山地,且位于沿海地带,其中,北仑峙头、慈溪达蓬山、宁海茶山、象山鹤浦等地年大风日数达 40 d 以上;而平原地区大风日数多在 10 d 以下。

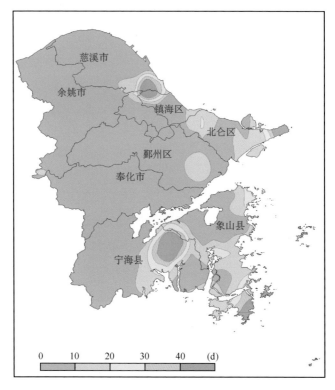

图 8.12　宁波市大风日数分布图

龙卷风是一种与强雷暴云相伴出现的具有近于垂直轴的强烈涡旋,是小概率事件。龙卷风出现时,往往有一个或数个如同“象鼻子”样的漏斗状云柱从云底向下伸展,同时伴有狂风暴雨、雷电或冰雹。当它出现在陆地上时,称为陆龙卷,当它发生于水面上时,常吸水上升如柱,好像“龙吸水”,称为水龙卷。由于龙卷风是形成于积雨云中存在的强烈上升气流与下沉气流之间的切变,这种切变可发展成为一种气旋式、有水平轴的强烈的空气旋涡,这种旋涡形成后,它的轴必然向两端伸展并弯曲闭合,如果在轴的两端未闭合前就和地面接触,人们就会看到从云中下垂的漏斗状云。在夏季高温高湿的天气条件下,大气层结很不稳定,积雨云发展旺盛,上升气流与下沉气流之间的切变很大,就容易形成龙卷风。

宁波不是龙卷风多发地区,加上其影响范围较小,其直径一般在十几米到数百米之间,仅能维持几分钟至十几分钟,持续时间在 30 min 以上的极少,因此,气象观测站较少观测到。龙卷风的发生存在明显的季节性变化,夏季最多,春、秋季次之,冬季从未发生。一般龙卷风主要发生于午后至傍晚,这说明午后对流易发展强盛,导致龙卷风发生。社会调查、地方志等记载表明,丘陵山区及沿海、沿湖地区出现概率稍大一些,如慈溪庵东等地。

8.1.4 雾和霾

雾和霾是特定气候条件与人类活动相互作用的结果,两者常常相伴而生、同时出现,水汽、静风、逆温、凝结核等条件缺一不可。雾是一种天气现象,指空气中水汽达到或接近饱和,在近地层空气中凝结成悬浮着的大量小水滴或冰晶微粒,使人的视野模糊不清的天气现象;霾是一种大气污染状态,是对大气中各种悬浮颗粒物(一般为干性)含量超标的笼统表述。

在水汽充足、微风及大气层结稳定的情况下,气温接近 0℃,相对湿度达到 100%时,空气中的水汽便会凝结成细微的水滴悬浮于空中,使地面水平的能见度下降,这种天气现象称为雾。秋冬春的清晨气温最低,是雾最浓的时刻。雾的种类有辐射雾、平流雾、混合雾、蒸发雾、烟雾等。根据雾中能见度可以划分雾的等级,当水平能见度在 10000 m 以下时称为雾,能见度大于 1000 m 但小于 10000 m 时称为轻雾,能见度不足 500 m 时称为浓雾,能见度小于 50 m 时称为强浓雾。宁波全年各月均有可能出现雾,沿海地区雾日较内陆地区多(表 8.3)。

表 8.3　宁波市各区县市雾日分布表

	慈溪	余姚	鄞州	镇海	北仑	奉化	象山	宁海
雾日/d	9.4	9.7	6.4	27.5	10.4	6.7	9.2	8.6

霾是悬浮在大气中的大量微小尘粒、烟粒或盐粒的集合体,使空气浑浊,水平能见度降低到 10 km 以下的一种天气现象。当大气凝结核由于各种原因长大时也能形成霾,在这种情况下水汽进一步凝结可能使霾演变成轻雾、雾和云。霾主要由气溶胶组成,它可在一天中任何时候出现。

当空气相对湿度≤80%时,根据能见度不同,可以将霾分为 4 级:能见度≥3 km 且<5 km 时是轻微霾,能见度≥2 km 且<3 km 时是轻度霾,能见度≥1 km 且<2 km 时是中度霾,能见度<1 km 时是重度霾。

霾与雾的区别主要在于发生霾时相对湿度不大,而雾中的相对湿度是饱和的。一般相对湿度小于 80%时的大气混浊视野模糊导致的能见度恶化是霾造成的,相对湿度大于 90%时是雾造成的,相对湿度介于 80%～90%时是霾和雾的混合物共同造成的,但其主要成分是霾。雾的厚度一般只有几十米至几百米,而霾的厚度比较厚,可达 1～3 km;雾的颜色是乳白色、青白色,霾则是黄色、橙灰色;雾的边界很清晰,过了"雾区"可能就是晴空万里,但是霾与晴空区之间没有明显的边界,霾粒子的分布比较均匀,而且霾粒子的尺度比较小,从 0.001~10 μm,平均直径大约在 1~2 μm。

21 世纪以来,霾天气日数较 20 世纪显著增长(图 8.13)。1954—2014 年,宁波市区霾天气日数变化可分为 2 个阶段:

(1)1954—2000 年,以外来沙尘、扬尘等自然原因为主,年霾日数维持在极低水平,且变化不明显,基本在 0~10 d;

(2)21 世纪以来,随着工业经济快速发展、城市大规模建设等,大气排放物增加明显,年霾日数显著增加。2013 年是宁波有气象记录以来霾天气日数最多、影响程度最重的年份,市区霾日 138 d,中度以上霾日数 19 d,占 13.8%,特别是 12 月 1—9 日连续 9 d 霾,其中 4—8 日连续 5 d 重度霾,连续霾日数和连续重度霾日数均创历史最高纪录。

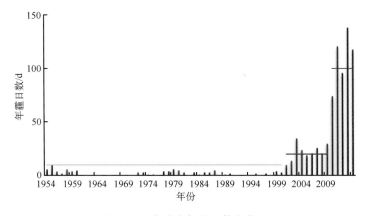

图 8.13　宁波市年霾日数变化图

宁波一年四季均可出现霾天气,以初春、秋末和冬季最为集中。从近 10 年市区月霾日数变化图可以看出,各月均可出现霾,其中 1 月、10—12 月多发,2—5 月、9 月次之,夏季(6—8 月)最少(图 8.14)。

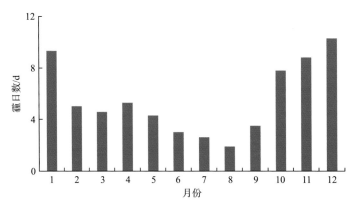

图 8.14　宁波市近 10 年各月霾日数变化图

8.1.5　雷电

雷电是伴有雷击和闪电的局地对流性天气,属强对流天气系统,是大气不稳定状况的产物,是积雨云及其伴生的各种强烈天气的总称。雷暴一般产生于对流发展旺盛的积雨云中,由于云内垂直方向的热力对流发展旺盛,不断发生起电和放电(闪电)现象,闪电通道上的空气温度骤升、水滴汽化,短时间内空气迅速膨胀产生冲击波,导致强烈的雷鸣,由于云中电荷在地面上引起感应电荷,云底与地面之间就形成了"闪道",闪电击地形成雷击,造成雷电灾害。

宁波全年各月都有可能出现雷电雷暴,但 3—9 月比较容易发生,出现最多的是7、8 月,平均 8.7 次/月和 8.1 次/月;10 月至次年 2 月极少出现,历年平均每月都不足 1 次。

宁波全市平均年雷暴日 35.5 d,其中宁海的雷暴日数最多,年均 43.7 d;北仑、石浦最少,年均 29.8 d 和 30.2 d。市区(鄞州)雷暴年均 36 d。各地出现雷暴的初、终日不一,象山相对初日早、终日迟,初终间隔期最长,平均在 3 月 5 日—10 月 15日;慈溪相对初日迟、终日早,初终间隔期最短,平均在 3 月 10 日—10 月 4 日,市区(鄞州)平均雷暴初日 3 月 8 日,终日 10 月 8 日,初终间隔期 211 d。

8.1.6　冰雹

冰雹,简称"雹",俗称雹子,也称冷子或冷蛋,是从发展强盛的雷暴云中降落到地面的冰球或冰块,其直径一般为 5～50 mm,大的可达 30 cm 以上。

冰雹出现时间较短暂,有时只有几分钟,长者几十分钟,当雹粒很小时,并不一定成灾,如雹粒较大,时间较长则易成灾。宁波不是冰雹天气多发地区,加上冰雹天气一般发生在很小的范围或几千米宽十几千米长的带状区域内,俗有"雹打一条线"之说,气象观测站较少观测到。

据统计,各地冰雹主要出现在 3—9 月,以 3、4、5 月出现次数最多;有 70% 的冰雹出现在下午到傍晚,下半夜到早晨出现冰雹只占 9%。山区、丘陵地带出现冰雹天气多于平原、沿海。由于冰雹灾害发生的范围小,局地性强,降雹地点分散,虽然就某一固定地点而言,其年平均降雹次数很少,但若扩大到某一地区,乃至全市范围统计,则冰雹灾害出现的概率就大得多,其总的经济损失亦十分严重。

8.1.7　干旱

干旱指因降水量在时间和空间上分布极不均匀,某地某段时间降水量比常年同期明显偏少而形成的气象灾害。宁波没有外来水源,靠本区域积蓄的自然降水资源,因此,降水量的多少就成为宁波是否可能发生干旱灾害的首要原因。

宁波市地处东部沿海,雨量虽然充沛,但季节性强,地形差异大,雨量地域差异最多最少年达 2.3～2.7 倍,由于降水的年、季变化过大,易造成旱涝灾害相间发生。

旱灾最重的是连年干旱,如明朝末年的 5 年连旱造成"死者相枕"的惨象;其次是夏秋连旱,两季歉收往往造成"饥民竞取食观音粉";再次是季节性干旱,如纯粹的伏旱导致"夏旱丢一半"。

据统计,宁波市 1949 年以后干旱受灾面积超过 100 万亩的就有 7 年,其中 1961、1967、1971 年成灾面积在 200 万亩以上。1967 年,全市面雨量不足 900 mm,当年干旱受灾面积达 203.2 万亩,且全部成灾。随着宁波经济的快速发展和人口数量的增长,对水资源的依赖程度也在增加,2003 年至 2004 年上半年以及 2013 年,宁波遭受持续干旱,造成了工农业用水紧张,偏远农村、海岛的居民生活用水困难,经济损失巨大。

宁波一年四季均可发生干旱,连年发生旱灾的情况也不少见,但对工农业生产影响大、危害重的则属出梅后的伏旱或夏秋连旱。梅雨结束后,由于受副热带高压控制,晴热少雨、蒸发量大,很容易产生伏旱,若夏旱连秋旱,则旱情更加严重,使工农业减产,城市供水困难,人民生活也受到影响。从地域分布上看,旱情相对较重的是象山、宁海的丘陵山区,以及降水利用率不高的慈溪。

宁波以轻旱和中旱多见,轻旱为降水较常年偏少,地表空气干燥,土壤出现水分轻度不足;中旱为降水持续较常年偏少,土壤表面干燥,土壤出现水分不足,地表植物叶片白天有萎蔫现象;将综合气象干旱等级在"轻旱"以上且持续时间超过 15 d 作为发生一次干旱过程,对宁波各地历年各月的干旱情况进行统计,可以发现,宁波地区 2—4 月是一年中干旱最不容易发生的时段,其中 3 月份各地都没有干旱发生;7—9 月的夏旱和 11 月的秋旱是一年中干旱出现频率最高的月份(表 8.4)。进一步分析发现,若以综合气象干旱等级在"中旱"以上且持续时间超过 10 d 作为发生一次干旱过程,平均出现次数就迅速下降到 3 次/年,且主要集中在 8 月、11 月,其次为 10 月和 7 月,即以伏旱或夏秋连旱为主(表 8.5)。

表 8.4 1971—2016 年各站各月"轻旱"15 d 以上出现次数及概率

月份	1	2	3	4	5	6	7	8	9	10	11	12	年均
市区	3	0	0	2	7	11	14	14	11	11	12	10	7.9
慈溪	1	0	0	1	9	13	16	13	17	12	12	8	8.5
余姚	3	0	0	1	8	12	16	14	14	12	12	8	8.3
北仑	5	0	0	2	5	10	11	13	14	12	14	11	8.1
奉化	6	1	0	1	6	12	15	12	15	13	11	11	8.7
宁海	7	0	0	0	4	8	9	8	9	10	11	13	11	6.8
石浦	5	0	0	0	2	8	14	14	15	13	13	9	7.6
平均	4.3	0.1	0.0	1.0	5.9	10.3	13.6	12.7	13.6	12.0	12.6	9.7	8.0
出现概率	12%	0%	0%	3%	17%	29%	39%	36%	39%	34%	36%	28%	23%

表 8.5　1971—2016 年各站各月"中旱"10 d 以上出现次数

月份	1	2	3	4	5	6	7	8	9	10	11	12	年均
市区	1	0	0	0	0	2	0	10	1	4	7	4	2.4
慈溪	1	0	0	0	1	7	7	12	6	4	8	1	3.9
余姚	1	0	0	0	0	1	8	14	2	4	6	2	3.2
北仑	1	0	0	0	0	1	4	10	1	6	8	5	3.0
奉化	2	1	0	0	1	2	0	7	1	3	9	2	2.3
宁海	1	0	0	0	0	1	1	2	0	5	11	4	2.1
石浦	0	0	0	0	0	0	10	13	6	7	49	4	4.1
平均	1.0	0.1	0.0	0.0	0.3	2.0	4.3	9.7	2.4	4.7	8.3	3.1	3.0

8.1.8　山洪地质灾害

地质灾害是指因自然和人为活动引发的危害人民生命和财产安全的崩塌、滑坡、泥石流、地面塌陷、地裂缝、地面沉降等与地质作用有关的灾害。其中崩塌、滑坡、泥石流和地面塌陷具有突发性性质,是突发性地质灾害。

宁波市的突发性地质灾害主要为崩塌、滑坡、泥石流。历史资料统计表明,滑坡约占全市地质灾害总数的 55%,崩塌约占 38%,泥石流约占 7%。全市地质灾害点中,规模为中型的地质灾害点约占 3%,规模为小型的约占 97%;不稳定地质灾害点约占 70%、暂时稳定的约占 23%、稳定的约占 7%。宁波市境内多山区,占全市陆地面积的 51.6%,丘陵山区岩石较为破碎,地质灾害主要分布于山区、丘陵,占全市地质灾害总数的 97%;另外,还有平原区海岸和河岸滑坡,占全市地质灾害总数的 3%。从时间分布特征来看,根据有记录数据统计,宁波市地质灾害最早出现于 1961 年,大部分集中于 20 世纪 90 年代中后期及 21 世纪初。

山洪是指山区溪沟中发生的暴涨洪水。山洪具有突发性,水量集中流速大、冲刷破坏力强,水流中混合有泥沙甚至石块等,常造成局部性洪灾。

宁波市的山洪灾害多发生于余姚、奉化、宁海、海曙西部等地的山区,发生时间大体都在 5—9 月的主汛期内,往往由台风暴雨、东风波暴雨、强对流暴雨等引起。1988 年 7 月 29 日夜里宁海突降特大暴雨,500 mm 以上暴雨中心位于马岙、里家坑、黄坛一带,造成凫溪、黄坛溪、白溪三大溪流同时山洪暴发,引发特大洪水,给宁海县造成惨重损失。2012 年 7 月 16 日午后,强对流天气袭击了海曙西部、余姚南部和奉化北部地区,其中海曙龙观乡雨强达 200 mm/3 h,最大 98 mm/1 h,短时强降水引起山洪和小型泥石流暴发,造成十多间民房和数座桥梁被毁,多处溪边公路崩塌,8000多亩农田受灾,数个村庄进水。

8.2 其他气象灾害风险区划

8.2.1 高温风险区划

高温风险区划主要选取地形地貌、高温天数、人口经济等作为评价因子。致灾因子主要选取了年平均高温天数;水体、湿地等下垫面可以有效减少高温发生的概率,孕灾环境敏感性将河网密度、DEM 等作为指标;承灾体易损性主要以人口密度、经济为基本要素,得到宁波市高温灾害风险区划(图 8.15)。受海陆风、植被覆盖率、高程和湖泊水体影响,沿海、山区为高温的低风险区;受城市热岛效应影响,老市区、鄞州中心区、余姚和慈溪城区为高温灾害高风险区。

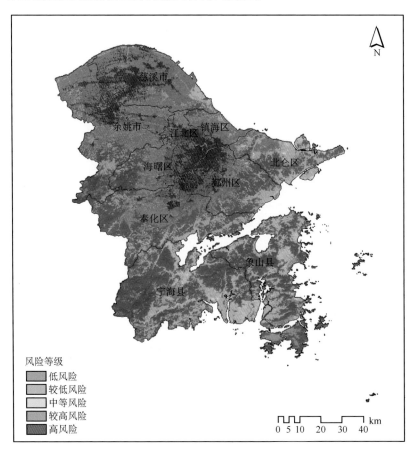

图 8.15 宁波市高温灾害风险区划等级地区分布图

8.2.2 低温雨雪冰冻风险区划

低温雨雪冰冻灾害风险区划主要考虑致灾因子危险性、孕灾环境敏感性、承灾体易损性三个方面,选取年均-3℃以下天数和最大积雪深度、地形地貌、人口经济等作为评价因子。水体、河网等下垫面有一定的保温作用,可以有效减少低温发生的概率,所以孕灾环境敏感性主要考虑地形和河网密度因子;承灾体易损性主要以人口密度、GDP 为基本要素。最后对三个方面的要素进行加权叠加,得到宁波市低温雨雪冰冻灾害风险区划(图 8.16),宁海、奉化、海曙的西部和余姚西南部为高风险区;老市区、镇海和慈溪大部、北仑部分地区为低风险区。

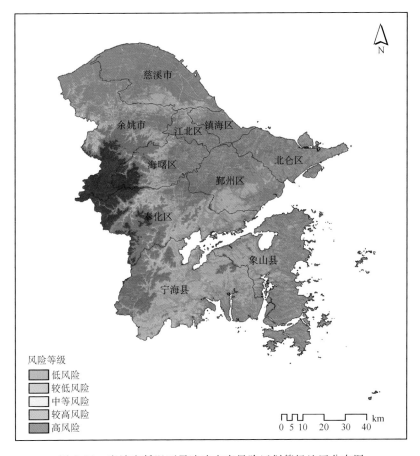

图 8.16 宁波市低温雨雪冰冻灾害风险区划等级地区分布图

8.2.3 大风(龙卷)风险区划

大风的风险区划主要从危险性、暴露性、防风能力三个方面进行分析得到。危险性分析主要研究该区域有气象数据记录以来的大风天数分布情况、地形因子如坡度及高度两个方面；暴露性分析是对研究区内的受影响因子进行分析，主要考虑常住居民情况、建筑物分布情况；防灾减灾能力分析主要考虑建筑物工程抗风能力和工业厂房分布情况，得到大风灾害风险指数分布情况（图 8.17），总体东部沿海高于内陆，象山和北仑部分地区为大风灾害高风险区，西部山区风力相对较小，且人口和GDP 密集度小，大部分地区大风灾害风险较低。

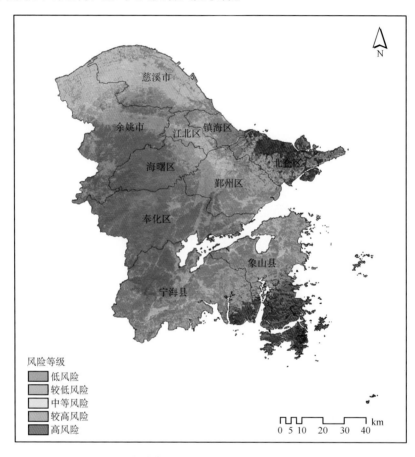

图 8.17　宁波市大风灾害风险区划等级地区分布图

8.2.4　大雾风险区划

　　大雾风险区划主要考虑致灾因子和承灾体两方面，其中致灾因子主要考虑大雾分布和水系面密度，承灾体易损性以道路、人口和经济密度为基本单位，得到大雾灾害风险指数分布（图 8.18），市区和周边地区由于路网较为密集，以及北仑港、杭州湾沿岸、象山东部沿海大雾风险较高；奉化和宁海风险较低。

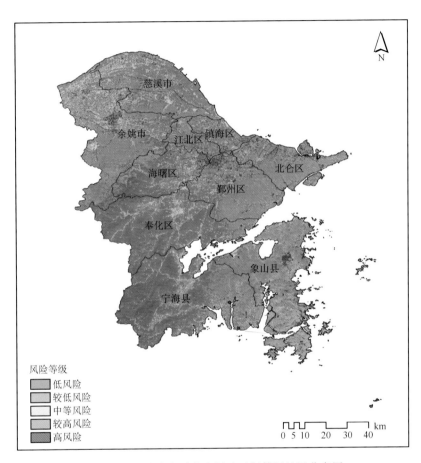

图 8.18 宁波市大雾灾害风险区划等级地区分布图

8.2.5 雷电风险区划

雷电由于其成灾迅速、影响范围大、致灾方式多样,给预报和防治带来了极大的困难,雷电灾害风险是指雷击发生及其造成损失的概率。雷电危险性主要考虑地闪发生的频次,雷电易损性主要考虑建筑物分布以及人口、经济密度进行加权叠加,得到雷电灾害风险区划(图 8.19),雷电频率发生高、人口密集、经济发展水平较高的老市区、鄞州、慈溪和余姚城区的雷电灾害风险较高。

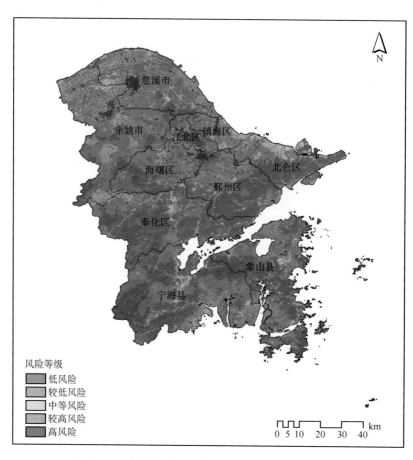

图 8.19　宁波市雷电灾害风险区划等级地区分布图

8.2.6　冰雹风险区划

冰雹灾害危险性主要考虑冰雹灾害发生的历史频率分布情况。冰雹易损性主要以人口密度、GDP 为基本要素,得到冰雹灾害风险区划(图 8.20),老市区、慈溪城区、宁海城区以及余姚北部象山东部等地风险较高,象山南部和余姚北部、鄞州南部、奉化大部冰雹风险较低。

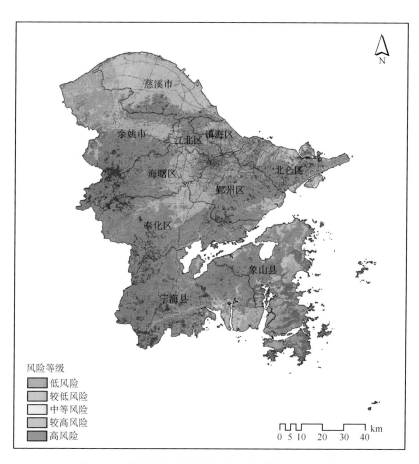

图 8.20 宁波市冰雹灾害风险区划等级地区分布图

8.2.7 干旱风险区划

干旱致灾因子主要选取了气象上的干旱概率;将河网密度、地势高度作为孕灾环境敏感性指标;农业生产受干旱的影响最为显著,承灾体易损性主要以人口密度、农业经济密度、旱地作物占农作物的比率为基本要素。对以上因子进行加权叠加,得到宁波市干旱灾害风险区划(图 8.21),象山由于地处半岛、河网稀疏,为干旱高风险区;慈溪、宁海部分地区为干旱较高风险区;海曙、鄞州和奉化平原地区,干旱风险度较小。

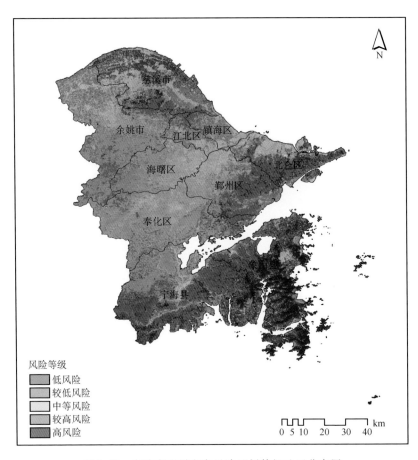

图 8.21 宁波市干旱灾害风险区划等级地区分布图

8.2.8 地质灾害风险区划

地质灾害致灾因子主要选取年暴雨日数和日最大降雨量等指标,孕灾环境主要指如地形起伏状况、植被覆盖度等,承灾体的易损性主要考虑人口密度和人均国民生产总值等。综合以上要素,得出地质灾害风险指数分布(图 8.22),四明山区、宁海西部为灾害高风险区,余姚北部、慈溪、老市区、鄞州、镇海、北仑城区风险较低。

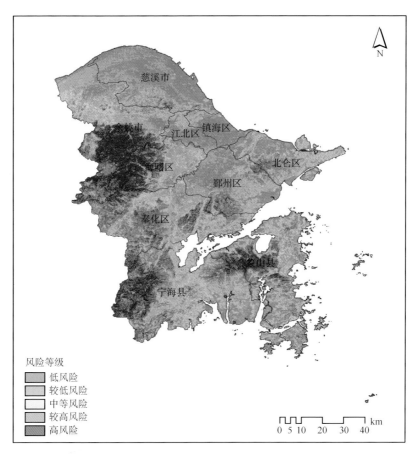

风险等级
低风险
较低风险
中等风险
较高风险
高风险

0 5 10   20   30   40   km

图 8.22 宁波市地质灾害风险区划等级地区分布图

参考文献

陈香,2008.台风灾害脆弱性评价与减灾对策研究——以福建省为例[J].防灾科技学院学报,**10**(3):18-22.

陈望春,许洁,2016.宁波市近年台风及灾害损失分析[J].中国水利,(7):28-32.

陈文彬,龚代圣,2012.基于 AHP 熵权法的信息化厂商评价模型及应用[J].现代电子技术,**35**(12):101-106.

陈香,2008.台风灾害脆弱性评价与减灾对策研究[J].防灾科技学院学报,**10**(3):18-22.

陈亚宁,1999.自然灾害的灰色关联灾情评估模型及应用研究[J].地理科学进展,**18**(2):158-162.

陈有利,崔飞君,2016.宁波地质灾害气象风险预警方法与实践[M].北京:气象出版社.

陈志明,1993.论中国地貌图的研制原则、内容与方法——以 1:4000000 全国地貌图为例[J].地理学报,**48**(2):105-113.

丁燕,史培军,2002.台风灾害的模糊风险评估模型[J].自然灾害学报,**11**(1):34-43.

杜鹃,何飞,史培军,2006.湘江流域洪水灾害综合风险评价[J].自然灾害学报,**15**(6):38-44.

樊琦,梁必骐,2000.热带气旋灾情的预测及评估[J].地理学报,**55**(增刊):52-55.

冯利华,1993.灾害损失的定量计算[J].灾害学,**8**(2):17-19.

宫清华,黄光庆,郭敏,等,2009.基于 GIS 技术的广东省洪涝灾害风险区划[J].自然灾害学报,**18**(1):58-63.

郭广芬,周月华,史瑞琴,等,2009.湖北省暴雨洪涝致灾指标研究[J].暴雨灾害,**28**(4):357-361.

贺桂珍,吕永龙,2011.美国、加拿大环境和健康风险管理方法.生态学报,**31**(2):556-564.

胡波,严甲真,丁烨毅,等,2012.台风灾害风险区划模型[J].自然灾害学报,**21**(5):152-158.

胡焕庸,1983.东北地区人口发展的回顾与前瞻[J].西北人口,(1):29-33.

黄崇福,王家鼎,1995.模糊信息优化处理技术及其应用[M].北京:北京航空航天大学出版社.

金菊良,吴开亚,李如忠,等,2007.信息熵与改进模糊层次分析法耦合的区域水安全评价模型[J].水利发电学报,**26**(6):61-66.

李登峰,程春田,陈守煜,1998.部分信息不完全的多目标决策方法[J].控制与决策,**13**(1):83-86.

李京,蒋卫国,2007.基于 GIS 多源栅格数据的模糊综合评价模型[J].中国图像图形学报,**12**(8):1446-1450.

梁必骐,樊琦,1999.热带气旋灾害的模糊数学评价[J].热带气象报,**15**(4):305-311.

刘爱民,涂小萍,胡春蕾,等,2009.宁波气候和气候变化[M].北京:气象出版社.

马宗晋,1993.中国减灾重大问题研究[M].北京:地震出版社.

宁波气象志编纂委员会,2001.宁波气象志[M].北京:气象出版社.

宁波市统计局,国家统计局宁波调查队,2016.2016 宁波统计年鉴[M].北京:中国统计出版社.

宁波市农业局,2017.2016 年度宁波市粮食生产发展年度报告.

彭祖赠,孙韫玉,2002.模糊数学及其应用[M].武汉:武汉大学出版社.

史培军,1996.再论灾害研究的理论与实践[J].自然灾害学报,5(4):6-17.

苏高利,苗长明,毛裕定,2008.浙江省台风灾害及其对农业影响的风险评估[J].自然灾害学报,17(5):113-119.

孙绍骋,2001.灾害评估研究内容与方法探讨[J].地理科学进展,20(2):122-130.

涂汉明,刘振东,1991.中国地势起伏度研究[J].测绘学报,20(4):311-319.

万君,周月华,王迎迎,等,2007.基于GIS的湖北省区域洪涝灾害风险评估方法研究[J].暴雨灾害,26(4):328-333.

王新洲,史文中,王树良,2003.模糊空间信息处理[M].武汉:武汉大学出版社.

夏建新,石雪峰,吉祖稳,等,2007.植被条件对下垫面空气动力学粗糙度影响实验研究[J].应用基础与工程科学学报,15(1):23-31.

向速林,2005.地下水水质评价的多元线性回归分析模型研究[J].新疆环境保护,27(4):21-23.

许树柏,1988.层次分析发原理[M].天津:天津大学出版社.

杨仕升,1996.自然灾害不同灾情的比较方法探讨[J].灾害学,11(4):35-38.

杨忠恩,金志凤,胡波,等,2011.热带气旋对浙江省农业影响的风险区划[J].生态学,30(12):2821-2826.

俞科爱,陈迪辉,谢华,2017.宁波影响台风特征及防台对策建议[J].中国水利,13:11-13.

张斌,赵前胜,姜瑜君,2010.区域承灾体脆弱性指标体系与精细量化模型研究[J].灾害学,25(2):36-40.

张超,万庆,张继权,等,2003.基于格网数据的洪水灾害风险评估方法—以日本新川洪灾为例[J].地球信息科学,5(4):69-73.

张会,张继权,韩俊山,2005.基于GIS技术的洪涝灾害风险评估与区划研究——以辽河中下游地区为例[J].自然灾害学报,14(6):141-146.

张继权,李宁,2007.主要气象灾害风险评价与管理的数量化方法及其应用[M].北京:北京师范大学出版社.

张永恒,范广洲,马清云,等,2009.浙江省台风灾害影响评估模型[J].应用气象学报,20(6):772-776.

张志强,王礼先,余新晓,等,2001.森林植被影响径流形成机制研究进展[J].自然资源学报,16(1):79-84.

章国材,2010.气象灾害风险评估与区划方法[M].北京:气象出版社.

周成虎,万庆,黄诗峰,等,2000.基于GIS的洪水灾害风险区划研究[J].地理学报,55(1):15-24.

Benito G,Lang M,Barriendos M,et al.,2004. Use of systematic, palaeoflood and historical data for the improvement of flood risk estimation, review of scientific methods [J]. *Natural Hazards*,**31**(3):623-643.

Blaikie P,Cannon T,Davis I,et al,1994. At Risk:Natural Hazards,People's Vulnerability,and Disasters[M].London:Routledge.

Davidson R A,Lamber K B,2001. Comparing the hurricane disaster risk of U.S. coastal counties [J]. *Natural Hazards Review*,**8**:132-142.

Deyle R E,French S P,Olshansky R B,1998. Hazard Assessment:the Factual Basis for Planning and Mitigation [A]. Burby R J. Cooperation with Nature:Confronting Natural Hazards with

Land-Use Planning for Sustainable Communities[C]. Washington D C: Joseph Henry Press, 116-119.

Gary S,1997. An assessment of disaster risk and its management in Thai land[J]. *Disaster*, **2** (11):77-88.

Howard Kunreuther ,Richard J Roth,1998. Paying the Price , the Status and Role of Insurance Against Natural Disaster in the United States [M] . Washington :Joseph Henry Press.

HUANG Dapeng, LIU Chuang, FANG Huajun, et al,2008. Assessment of waterlogging risk in Lixiahe region of Jiangsu Province based on AVHRR and MODIS image [J]. *Chinese Geographical Science* , **18**(2):178-183.

Maskrey A,1989. Disaster Mitigation:A Community-Based Approach[M]. Development Guidelines No. 3. Oxfam,Oxford.

Otar V, Nino T, Avtandil A, et al,2012. Vulnerability, hazards and multiple risk assessment for Georgia [J]. *Natural Hazards* ,**64**(3):2021-2056.

Pandey A C, Singh S K, Nathawat M S,2010. Waterlogging and flood hazards vulnerability and risk assessment in Indo Gangetic plain [J]. *Natural Hazards* ,**55**(2):273-289.

Smith K, 1996. Environmental hazards assessing risk and reducing disaster [M]. New York: Routledge.

SUN Zhongyi, ZHANG Jiquan, QI Zhang, et al,2014. Integrated risk zoning of drought and waterlogging disasters based on fuzzy comprehensive evaluation in Anhui Province, China [J]. *Natural Hazards* ,**71**(3):1639-1657.

Tobin G A, Montz B E,1997. Natural Hazards Explanation and Integration [M]. NewYork: The Guolford Press.

United Nations, Department of Humanitarian Affairs,1991. Mitigating Natural Disasters: Phenomena,Effects and Options-A Manual for Policy Makers and Planners[R]. New York: United Nations:1-164.

Watson C C, Johnson M E,2004. Hurricane loss estimation models:opportunities for improving the state of the art[J]. *Bulletin of the American Meteorological Society* ,**85**:1713-1726.